探索宇宙，尋找文明的蹤跡
我們是否還能再擁有一顆「藍色彈珠」？

後人類時代

盧昌海・著

目錄

目錄

第三部分　數位時代

目錄

我的「速朽之作」（代序）

除極個別例外，本書收錄的是我替雜誌撰寫的文章，其中多數是替「格物致知」專欄撰寫的篇幅不超過 1,500 字的短文 —— 當然，收錄到本書的版本往往比發表在雜誌上的字數略多，內容也更完整。

約稿編輯對此類文章的一個基本要求，是必須聯繫近期的科技新聞 —— 用通俗的話說就是必須「趕流行」。因此那段時間我將幾個英文科技網站的「簡易資訊聚合」（RSS）放在瀏覽器首頁上，以便隨時留意科技新聞。編輯偶爾也邀稿一兩篇「命題作文」。本書的多數文章便是由此而來。

雖然作者總是希望自己的作品有盡可能長久的生命力，但「趕流行」的一個可以預期的後果就是「速朽」。因為定義乃至創造「流行」的是媒體而非歷史，而從歷史的角度來看，媒體的品味往往是「速朽」的。

因此，我曾建議將本書命名為《我的「速朽之作」》，但出版社出於可以理解的理由否決了這一提議，於是我退而求

我的「速朽之作」（代序）

其次，從收錄於本書的文章中選了一個標題作為書名。不過對讀者我願實話實說：本書介紹的很多新設想將會是曇花一現的，本書介紹的很多新研究將很快被證明為錯誤，從統計上講，這是「趕流行」的宿命。

明知「速朽」，為何還要集結成書呢？—— 讀者也許會問。

這首先不可否認是出於作者固有的「敝帚自珍」心理。收錄於本書的這些文章雖大都很短，話題雖大都來自媒體或編輯，撰寫時卻也依然費了心思，基本上每篇都參閱了原始論文，以避免「讀科普寫科普」那樣的「近親繁殖」，或「讀新聞寫科普」那樣的敷衍了事，因而自信要比媒體的花哨之言更豐富，也更準確。

其次 —— 並且更重要的 —— 則在於寫作手法。具體地說，我對話題的背景介紹通常具有普遍性，從而不會因話題本身的「速朽」而失去意義；此外，我還盡量用思考性的角度來切入話題，啟發讀者帶著開放和懷疑的眼光閱讀新聞，不把結論寫死，也不把問題掩去。

這種寫作手法可在一定程度上延長「速朽之作」的壽命。

比如拙作《來自襁褓宇宙的線索》發表後不久，其所介紹的觀測結果就被基本否定了（被基本確定為是星際塵埃造成的干擾），成為本書中「朽」得最快的文章。但我回過頭來讀那篇文章，卻發現不僅占篇幅一大半的背景介紹絲毫不受影響，就連結論部分也無需修改，因為我不僅引述了「在未得到不止一組確認之前，沒有任何實驗能被太認真地看待」那樣的謹慎之語，強調了「覆核」這一「容易因興奮而忽視的環節」，並且具體提到了作為主要覆核途徑之一的「普朗克衛星預計將在幾個月內發布新資料」（後來正是那些新資料為推翻原先的觀測結果提供了依據）。跟同時期的其他介紹相比，拙作可算是為數不多將「速朽」列為重要可能性，而且並非是用「凡事都有可能出錯」之類寬泛而圓滑的理由來搪塞的，這一點我是略覺自豪的。在具體題材「速朽」的背後，具有普遍性的背景介紹及帶著開放和懷疑的眼光閱讀新聞的方法是不會「速朽」的。

最後，還有一個小小的理由也可為「速朽之作」的集結成書略作辯解，那就是這些文字畢竟記述了我們這個時代曾經有過——甚至曾經力捧過——的無數想法中的一部分，哪怕錯了，甚至錯得可笑，作為歷史側記也是不無趣味的。

我的「速朽之作」（代序）

1938 年 10 月，在將於來年舉辦的紐約世博會（New York World's Fair）的工地上，一些留給 5,000 年後的人類子孫的東西被埋入了地下，其中包含了一封愛因斯坦的信。愛因斯坦在簡述了他那個時代的基本特徵之後，在信的末尾寫道：「願後代懷著一種自豪的心情和理所當然的優越感閱讀此信。」在結束這篇自序時，容我拾愛因斯坦牙慧說上一句：「願本書的讀者也能懷著『自豪的心情和理所當然的優越感』來讀這本『速朽之作』。」因為他們看到的是一串探索的足跡，這串足跡裡的「速朽」反襯出的正是他們的進步。

第一部分

科學天地

電腦與數學證明

自1930年代起，有位名叫「布林巴基」(Nicolas Bourbaki)的數學家嶄露了頭角，後來人們知道，他其實不是一個人，而是一群數學家的筆名。用筆名在科學界是較少見的，但也並非絕無僅有，比如當今數學界有個叫「艾卡德」(Shalosh B. Ekhad)的傢伙發表了幾十篇論文，也並不是一個人，甚至不是人，而是電腦。「艾卡德」雖遠沒有「布林巴基」出名，象徵意義卻不容忽視，因為其「導師」——以色列數學家蔡爾伯格(Doron Zeilberger)——堅持讓電腦獨立署名，乃是為顯示其在數學中日益重要的作用。

電腦在像物理那樣的經驗科學中的作用早已被廣泛認可，一篇物理論文哪怕全部演算都靠電腦，也不會引起非議。數學卻不同，它對嚴謹性的要求在物理之上，結果則不像物理那樣受觀測檢驗，因此特別注重推理的步驟。德國數學大師克萊因(Felix Klein)在名著《數學在19世紀的發展》中曾這樣描述數學：「不管什麼人，想要進入它，就必須在自己心裡，依靠自己的力量，一步一步把它的發展再現一次。」

電腦一介入數學證明，就明顯破壞了克萊因的描述。

但電腦介入數學證明的趨勢卻有些難以阻擋。早在其問世不久的 1950 年代，一些美國數學家就用電腦證明了英國哲學家羅素（Bertrand Russell）和懷特黑德（Alfred North Whitehead）的名著《數學原理》（Principia Mathematica）中一階邏輯部分的全部定理；另一些數學家則用電腦證明了許多幾何定理。而最轟動的則是 1976 年，美國數學家阿佩爾（Kenneth Appel）和德國數學家黑肯（Wolfgang Haken）用電腦輔助證明了四色定理（four color theorem）——一個從未被常規手段證明過的定理。

電腦介入數學證明引起了很多數學家的不安，因為在電腦領域中，像 Windows、MacOS 那樣的作業系統，像 Mathematica、Maple 那樣的應用軟體都不是開放原始程式碼的，從而在原則上就不是數學家所能檢驗的。更糟糕的是，即便是原則上可以檢驗的部分，比如直接介入數學證明的那部分程式，數學家通常也沒什麼興趣去檢驗，因為那些程式所做的通常是運算量巨大而邏輯結構死板的工作，檢驗起來往往既學不到數學，也得不到啟示，實在是味同嚼蠟。這種興趣匱乏的一個後果，就是數學證明中的電腦部分往往會拖整個證明的後腿。這方面一個著名的例子是 1998 年美國數學家黑爾斯（Thomas Hales）向著名刊物《數學年刊》提交的一個有關克卜勒猜想（Kepler conjecture）的證明。該證明包含了約 250 頁的文稿及 10 萬行左右的電腦程式。結果等了 4 年也沒人檢驗他的程式，等了 7 年文稿部分才得以發表，但整個證明迄今未被公認。無奈之下，黑爾斯自 2003 年起開始研發一個能讓電腦檢驗此類證明的系統。但據他估計，該系統若由一個人研發，約需 20 年的時間，看來是要「等到花兒也謝了」。而且該系統本身就是電腦程式，從而首先得接受檢驗。

電腦介入數學證明引發的一個重要問題是：數學證明的明天會怎樣？對此人們眾說紛紜。一些人認為，隨著數學研究的不斷深入，電腦的介入將日益顯著，不用電腦做數學將如同不穿鞋子跑馬拉松。比如蔡爾伯格就表示，人類正日益接近自身證明能力的極限，今天的許多數學研究已沒多大意思，之所以仍有人做，只是因為唯有那些東西才是人類還能直接勝任的。他預期，隨著電腦能力的快速增長，再過二三十年，大多數研究都將可以由電腦來做。它們不僅能證明數學定理，甚至可以發現數學定理。另一些人則堅信，數學仍將是他們熟悉的數學，電腦至多只能起輔助作用。就不太遙遠的將來而言，我更傾向於後一種看法，因為數學證明中很多精妙的東西恐怕在很長時間內都不是電腦能夠勝任的，比如拿費馬大定理來說，它是一個有關自然數的命題，其證明——據我們所知——卻要用到大量遠遠超出自然數範疇的高深數學，如果我們把命題及自然數的公理輸入電腦，它幾乎要自行重建數學大廈的很大一部分結構才有可能給出證明，這在我看來絕不是二三十年後的電腦能夠勝任的。

退一萬步說，假如真有前面那些人所說的那一天，很多數學家依然樂觀地認為他們有事可做，因為他們認為，那時候的數學將是找出並研究那些無法用電腦來做的東西！

物理學是困難的 —— 數學家的證言？

2012 年 3 月，著名物理學刊物《物理評論通訊》(Physical Review Letters) 發表了西班牙馬德里大學 (Complutense University of Madrid) 的數學家丘比特 (Toby S. Cubitt) 及同事的一項有趣的研究，其結論被許多媒體描述為：物理學是困難的。

對多數人來說，這也許沒什麼新鮮的，因為物理學一向就被認為是困難的。不過，當普通人說「物理學是困難的」時，如果我們追問：什麼叫做「困難的」？如何證明「物理學是困難的」？多半會被視為找碴。但同樣的話成為數學家的證言時，這些就不再是找碴，而變成非常有趣味的問題了。

那麼就讓我們探究一下其中的趣味吧。

先說說「困難的」。數學家對數學問題 —— 確切地說是所謂的判定問題 (decision problem) —— 的困難度有著嚴格的分類，其中最常用的兩個類別是 P 和 NP，前者是在多項式時間（polynomial time）內能找到答案的問題；後者則是在多項式時間內能驗證答案的問題。這其中「多項式時間內」指的是用理想電腦 —— 也叫圖靈機（Turing machine）—— 為工具所需花費的時間隨輸入資訊數量的增加不快於某個多項式函數。在這兩個類別中，P 是困難度最低的，NP 則由於只對驗證答案的時間作了限定，從而有可能包含某些無法在多項式時間內找到答案 —— 即比 P 問題更困難 —— 的問題。為了方便起見，數學家們將 NP 問題中最困難的稱為 NP 完全（NP complete）問題。而「困難的」這一概念，它的全稱乃是「NP 困難的」（NP hard），指的是起碼跟 NP 完全問題一樣困難（但不一定屬於 NP 這一類別）。限於篇幅，對「最困難」及「一樣困難」這兩個概念我們只得割愛了，但請相信我，它們也是有嚴格定義的，並非偷梁換柱。

接下來說說如何證明「物理學是困難的」。丘比特等人認為，很大一部分物理學所研究的乃是物理體系的狀態演化，其形式類似於數學上的馬可夫過程（Markov process），特點是每個時刻的狀態都可以透過一個所謂的轉移矩陣，從前一時刻的狀態中計算出來。利用這種類似性，研究物理體系的狀態演化可以抽象為一個數學問題，即透過實驗資料確定轉移矩陣。而這一數學問題 —— 丘比特等人證明了 —— 是跟一個已被證明為是「困難的」的數學問題一樣困難的。這樣，他們就證明了「物理學是困難的」 —— 當然，如前所述，這是媒體對他們結論的描述，丘比特等人原始論文的措辭要嚴密得多。

由於是第一次有人對「物理學是困難的」這一含義模糊的老生常談給出精確描述及證明，丘比特等人的研究引起了很多人的興趣，其中既有對結論的興趣，也有對日常概念精確化的好奇。有些媒體則很替物理學家們高興，因為「物理學是困難的」意味著物理學家們不必擔心電腦能搶他們的飯碗。

不過，將丘比特等人的研究結論描述為「物理學是困難的」其實是有一定誤導性的。

首先，從物理上講，稍有研究經驗的人都知道，物理學家們研究物理體系的狀態演化根本就不會採用透過實驗資料確定轉移矩陣那樣笨拙的、本質上是將有規律現象視為隨機現象來處理的數學方法。丘比特等人透過該方法得出的結論究竟有多大意義，是值得商榷的。其次，哪怕從數學上講，把「NP 困難的」說成「困難的」起碼在目前也還缺乏依據。細心的讀者也許注意到了，我們在提到 NP 有可能包含某些比 P 問題更困難的問題時，用了「有可能」一詞。之所以要用這個詞，是因為數學家們尚未排除 NP 與 P 這兩個類別完全相同的可能性。事實上，這兩個類別是否相同乃是理論電腦科學中最著名的未解之謎，也是美國克雷數學研究所（Clay Mathematics Institute）列出的「千禧年難題」（Millennium Problems）之一。假如 NP 與 P 這兩個類別完全相同，那麼 NP 完全問題就並不比困難度最低的 P 問題更困難，NP 困難的問題也未必比困難度最低的 P 問題更困難。因此，無論從物理還是數學上講，將丘比特等人的研究結論描述為「物理學是困難的」都是有一定誤導性的。

不過，媒體有一點也許說對了，那就是物理學家們不必擔心電腦能搶他們的飯碗。只不過原因恐怕並非是丘比特等人的研究，而是因為物理學很微妙，絕非丘比特等人所設想的數學問題所能代表。

量子重力在我家中？

明眼的讀者一定看出來了，這個標題乃是效仿美國物理學家費米（Enrico Fermi）的夫人曾經用過的一個書名——《原子在我家中》（Atoms in the Family）。為什麼要效仿呢？因為要介紹以色列希伯來大學（Hebrew University of Jerusalem）的物理學家貝肯斯坦（Jacob Bekenstein）新近（2012 年 11 月）提出的一個設想。那設想的最大特點是把原本被認為要用極巨大的設備才能探測的物理效應搬到了「桌面」（desktop）上，甚至有可能在「家」中進行。當然，我們還在標題上添了一個問號，其用意看過本文後將會自動明瞭。

貝肯斯坦提議探測的物理效應是所謂的量子重力（quantum gravity）效應。一般認為，這種效應只有在極小的尺度上才會變得顯著，那尺度被稱為普朗克長度（Planck length），約為一千億億億億分之一公尺（10^{-35} 公尺），或相當於原子核尺度的一兆億分之一（10^{-20}）。另一方面，量子世界的一個著名特點是：想要探測的距離越小，需要投入的能量就越高。物理學家們建造越來越大的加速器，正是為了達到越來越高的能量。但即便目前最大的加速器——周長2萬7千公尺的大型強子對撞機（Large Hadron Collider, LHC）——所能達到的能量也只有探測普朗克長度所需能量的一千兆分之一（10^{-15}）。

那麼，貝肯斯坦有什麼神通，能繞過上述困難呢？他的思路是這樣的：探測量子重力之所以需要極高的能量，是因為要探測極小的距離，但極小的距離卻不一定非要探測才能確定。如果有辦法不探測就能確定極小的距離，自然就無需極高的能量了。具體地說，貝肯斯坦的設想是這樣的：用一個光子照射一塊靜止的（透明）介質，當光子進入介質時，它的動量將會變小，按照動量守恆，減小的動量將會傳給介質，使之產生一個很小的速度；而當光子離開介質時，原先的動量將會恢復，介質則將重新靜止。在這個過程中，介質的質心移動距離可以無需探測就用動量守恆來確定。

貝肯斯坦證明了，透過選取適當的光子（比如波長為445奈米的綠光光子）和介質（比如厚度1毫米，質量0.15克的高鉛玻璃），可以不太困難地將介質的質心移動距離控制在普朗克長度附近。另一方面，（貝肯斯坦認為）量子重力的效應之一乃是時空中存在大量尺度為普朗克長度的微型黑洞，它們的質量約為十萬分之一克（即所謂的普朗克質量）。當介質的質心移動時，將不可避免地與微型黑洞相碰撞，且有可能因碰撞而受阻（因為微型黑洞的質量並不比透明介質的質量小太多）。但介質的質心移動是動量守恆的要求，只要光子穿過介質，那移動距離就是確定的，它的受阻只能意味著光子將被反射回去而無法穿過介質。這種展現量子重力效應的反射是對經典反射規律的修正。這樣，貝肯斯坦就找到了一種在普通實驗室裡就能實現的方法，透過觀測對經典反射規律的修正來檢驗量子重力效應。在論文中，貝肯斯坦還對有可能干擾實驗的多種因素（比如色散、機械振動、環境中的氣體分子和光子，乃至中微子和暗物質的影響等）進行了分析和排除，並得出結論說：那樣的觀測是當前的實驗技術就能做到的。

結論是令人振奮的，思路也是足夠大膽的。問題是：分析可靠嗎？在我看來是有點玄的。比如其中至關重要的介質的質心與微型黑洞的碰撞就很玄。眾所周知，質心乃是抽象概念，並不對應於具體粒子，它本身是無法與微型黑洞相碰撞的。在碰撞問題中使用質心概念的一個先決條件，是由質心所代表的物體中的所有粒子都必須以直接或間接（即透過內部應力的傳遞）的方式參與相互作用（只有參與了，才有可能被代表）。但對於與尺度為普朗克長度的微型黑洞相碰撞來說，這是辦不到的，因為那樣的微型黑洞壽命極短，在其壽命範圍內，相互作用的傳遞距離比原子核尺度還小十幾個數量級，從而根本不可能讓所有粒子都參與（事實上幾乎不可能讓任何粒子參與）。在這種情況下，質心將失去代表物體的作用，其與微型黑洞的碰撞也就無從談起了。除此之外，貝肯斯坦的論文還有其他一些大膽卻並不堅實的分析。或許正因為如此，該論文發表後，學術界的反響遠不如媒體熱烈，引用數迄今為零。我所見到的唯一圈內人士的評論來自瑞典諾迪克理論物理研究所（Nordic Institute for Theoretical Physics）的物理學家霍森菲爾德（Sabine Hossenfelder），她也提出了若干異議（其中很有力的一條也是有關質心的，即質心的細微移動是很容易實現的，比如像聲子那樣只涉及一部分粒子的運動經全體粒子平均後，所對應的質心移動就很容易小到普朗克長度附近，但很難想像聲子運動會跟量子重力有關），並表示看不出那樣的實驗會對任何量子重力理論產生約束。

不過，貝肯斯坦是一位特殊的物理學家，他最著名的工作是 1972 年提出的黑洞熵概念，當時的分析也是大膽卻並不堅實的，受到包括英國物理學家霍金（Stephen Hawking）在內的一些人的懷疑。但後來恰恰是霍金本人用比較堅實的推理支持了貝肯斯坦的分析。一晃 40 年過去了，已經 65 歲的老貝肯斯坦能重演 25 歲時的故事嗎？我們將帶著審慎的不樂觀拭目以待。

霍金的派對

每個人一生都會遇到遺憾的事。如果你是電腦遊戲玩家，也許常常會希望人生能像電腦遊戲那樣「讀取進度」，重新嘗試，讓憾事不再。如果你問物理學家：人生能否「讀取進度」？也許他會告訴你：那得看時間旅行是否可能。

時間旅行是否可能？這問題物理學家們從目前已知的物理規律入手進行過研究，初步的結果不容樂觀，但尚無定論[1]。既然尚無定論，就存在可能性，因此，有些物理學家從另一個角度進行了探討，即時間旅行如果可能，我們周圍是否已經有了時間旅行者？英國物理學家霍金（Stephen Hawking）在《時間簡史》（A Brief History of Time）一書中就問過這個問題，他並且提出，對這個問題的否定回答，也許意味著重返過去的時間旅行是不可能的 —— 之所以強調「重返過去」，是因為時間旅行在目前顯然還不可能，從

1　對此感興趣的讀者可參閱拙作《因為星星在那裡：科學殿堂的磚與瓦》中的「時間旅行：科學還是幻想？」一文（清華大學出版社 2015 年 6 月出版）。

而時間旅行者只能來自未來，到我們周圍對他們來說乃是重返過去。

為了檢驗我們周圍究竟有沒有時間旅行者，霍金還做過一個有趣的實驗：他給時間旅行者寫了請柬，邀請他們於某個指定時間到劍橋大學內的某個指定地點參加派對，並且把消息的發布安排在指定時間之後，以確保沒有普通人能因提前知道消息而冒充時間旅行者。那請柬則被放在了一個能長久保存的地方，以便未來很長時間內的時間旅行者都有可能發現它們。

結果沒有任何人來參加霍金的派對。

不過物理學家們並不死心。

2013年，美國密西根理工大學（Michigan Technological University）的物理學家奈米羅夫（Robert J. Nemiroff）等人想到了另外一招：在網際網路上搜索時間旅行者的資訊。什麼樣的資訊能被認為是來自時間旅行者的呢？奈米羅夫等人認為是有「先見之明」（prescient）的資訊。具體地說，他們考慮了兩類那樣的資訊：一類是在2012年9月之前提及「Comet ISON」（ISON彗星）的資訊；另一類是在2013

年 3 月之前提及「Pop Francis」(教皇方濟各)的信息。這兩者的時間範圍都選在了所涉及的術語問世之前,因此對那些術語的提及有可能是時間旅行者才能有的「先見之明」。對那兩類資訊的選取還考慮了另外一些因素:比如所涉及的術語比較獨特(這可以減少巧合),且比較重要(這可以增加其被時間旅行者知曉的可能性 —— 不過「Comet ISON」在我看來是不太夠格的)。

至於搜索手段,奈米羅夫等人所倚重的是 Twitter 網站的具有時間排序的搜索功能,同時也借鑑了對他們的目的來說有一定缺陷的 Google、Facebook 等網站的搜索功能。此外,他們還利用了「Google 趨勢」(Google Trends) —— 一種針對搜索術語本身的搜索工具,以檢驗是否有人在那些術語問世之前就進行過有先見之明的搜索。

搜索的結果則跟霍金的派對一樣:一無所獲。

雖然搜索失敗,但相對於其他手段,網路搜索是比較容易的,因此或許會有人效仿。不過,那樣的搜索有多大可信度卻是值得懷疑的。在日本推理作家東野圭吾的小說中,有位罪犯在若干意外事件發生之前就在網路上發布了資訊。按奈米羅夫等人的方法,那樣的資訊很可能被當成是時間旅行者才有的「先見之明」。而其實，罪犯手法的環節之一只不過是發布很多同類資訊，以確保有些能碰對。在奈米羅夫等人的搜索中，自然不會有罪犯來攪局，但每天有那麼多人發布那麼多資訊，哪怕是比較獨特的術語，碰巧出現的可能性也是不容忽視的。事實上，奈米羅夫等人已經碰到了一例，只不過是以太過含糊為由丟棄了。此外，這種搜索的遺漏性是很大的，因為重要術語何止成千上萬？時間旅行者恰好提及被選中的術語的可能性是極小的。

更何況，若時間旅行者果真來到我們周圍，且有能力和意願展示他們的先見之明，他們會用提及一兩個術語那樣簡陋的手法嗎？我是很懷疑的。我倒是想起了多年前讀過的一篇科幻小說：一艘來自先進文明的飛船因失事而致一名乘員失蹤，那失蹤之謎最終被查清了，原來那乘員倖存在了地球上，他在地球上的名字叫做愛因斯坦！

也許，那篇科幻小說的寓意比奈米羅夫等人的設想還更切實一些吧，因為未來的科技才是最確鑿的先見之明，時間旅行者若不吝展示先見之明的話，他（她）完全有可能成為像愛因斯坦那樣的大人物，而不是在網路上發幾個含糊其詞的術語。

來自襁褓宇宙的線索

喜歡偵探小說的讀者都知道，偵探小說的寫法千變萬化，有一點是不變的，那就是當偵探們趕到現場時，罪案早已發生過了。研究宇宙起源的科學家們的處境跟偵探們相似，他們趕到現場的時間也晚了，而且晚得很厲害——晚了約 138 億年。

因此，留給他們的課題也跟偵探們相似，那就是依據現場殘留的線索來復原「罪案」的過程。

1929 年，美國天文學家哈伯發現了一條重大線索：附近的星系大都在離我們而去，而且距離越遠離開得越快。這條線索支持了科學家們此前就注意過的一種可能性：宇宙在膨脹。

如果宇宙在膨脹，那麼越往遠古回溯，宇宙就越小，甚至有可能存在某個時刻，能被追認為是宇宙的誕生。在那個時刻，一場大霹靂締造了宇宙，我們則全都是它飛散的「碎片」。1964 年，美國天文學家彭齊亞斯（Arno Penzias）和威爾遜（Robert Wilson）發現的另一條重要線索有力地支持了這種可能性。那就是所謂的「宇宙微波背景輻射」（cosmic microwave background radiation），它的溫度約為3K（即約為 -270°C），被認為是「大霹靂」的餘溫。宇宙微波背景輻射不僅確立了被稱為「大霹靂」（the Big Bang）的宇宙起源理論的主流地位，而且成為了後續探索的重要領域。

不過，大霹靂理論雖取得了主流地位，卻也面臨一些棘手的困難，比如某些理論計算預期，宇宙中應充斥著所謂的「磁單極」（magnetic monopole）——一種從未被發現過的粒子。為了解決那些困難，1970 年代末至 1980 年代初，美國物理學家古斯（Alan Guth）等人提出並發展了一個假設，那就是在大霹靂初期的一個極短的時間內，宇宙經歷過一個被稱為「暴脹」（inflation）的近乎指數形式的膨脹階段，這種暴脹不僅可以「稀釋」掉磁單極，而且也能解決其他幾個困難。

20 世紀末至 21 世紀初，宇宙背景探測者（cosmic background explorer, COBE）和威爾金森微波各向異性探測器（Wilkinson microwave anisotropy probe, WMAP）等太空探測器在宇宙微波背景輻射的溫度分布中發現了進一步的線索，對包括暴脹理論在內的大霹靂理論提供了支援，並且以空前的精度確定了許多宇宙學參數的數值。

但是，一些其他理論——比如其他引力理論——也在試圖解釋這些線索。

那些理論的命運會如何呢？科學家們 2014 年 3 月發布的一條來自襁褓宇宙的新線索有可能對之作出某種程度的判決。與以前的線索相比，這條新線索與暴脹理論有著更密切的關聯，它直接起源於暴脹階段產生的所謂「原初重力波」(primordial gravitational wave)。原初重力波雖出現在 138 億年前，但它能影響宇宙微波背景輻射的光子偏振，產生出一種被稱為 B 模 (B-mode) 的分布模式，從而在今天依然有可能被間接觀測到。為了觀測這種 B 模，科學家們於 2006 年在南極點附近建立了專門的觀測站——BICEP (background imaging of cosmic extragalactic polarization)。自 2010 年起，該觀測站啟用了第二代設備——稱為 BICEP2。之所以要把觀測站建在南極點附近，是因為那裡的天氣較為穩定——尤其是在漫長的「極夜」(polar night) 期間，並且因寒冷而乾燥，降低了大氣中水氣對觀測的干擾。在那樣的條件下，經過三年的資料累積，外加對許多其他因素的細心排除，科學家們終於得到了這條新線索。

在南極的冰原上仰望蒼穹，居然能窺視到襁褓時期的宇宙，這是何等地動人心魄？

這條新線索的重要性展現在多個方面：首先，它不僅是對已存在間接證據的暴脹理論和重力波的再次支持，而且從某種意義上講，還是量子重力（quantum gravity）的第一個間接證據 —— 因為原初重力波的產生是一種量子重力效應；其次，它為科學家們提供了一個窺視最早期宇宙（最初一億億億億分之一秒以內）及最高能物理（比目前最大的粒子加速器所能達到的能量還高一兆倍以上）的重要手段；最後但並非最不重要的，是它有助於排除某些理論，其中包括暴脹理論的某些變種 —— 因為這種 B 模在很多理論中是不存在或比觀測到的小得多的。這方面的一個有趣的例子是，英國物理學家霍金表示，這條新線索的發布意味著他贏得了跟同事的一個賭局，因為那位同事所主張的就是一個不存在 B 模的理論。

不過，那位同事並未即刻認輸，理由是有能力觀測 B 模的歐洲太空署（European Space Agency）的普朗克衛星

(Planck satellite) 曾於去年發布過資料，依據那些資料的估算卻未曾得到幅度相似的 B 模。這一理由提醒人們注意一個容易因興奮而忽視的環節：覆核。科學研究離不開覆核，事實上，就連最能從這條新線索中「受益」的古斯也表示：「在未得到不止一組確認之前，沒有任何實驗能被太認真地看待。」普朗克衛星的資料為什麼沒有得到幅度相似的 B 模？是歐洲人「大意失荊州」，還是別有原因？將由覆核來確定。覆核的途徑是多種多樣的，除檢驗已有的資料外，普朗克衛星預計將在幾個月內發布新資料；第三代的 BICEP 正在建設之中；其他一些研究組也在進行類似的觀測⋯⋯他們能否證實這條新線索，是一個令人期待的懸念。

災星還是福星？

我喜歡自稱是科幻愛好者，不過這一稱號若有准入門檻，我大概只能在門外興嘆，因為喜歡歸喜歡，我對科幻的涉獵其實有限。前不久，著名美國科幻作家布萊伯利（Ray Bradbury）的去世就讓我著實汗顏了一下 —— 我居然沒看過他的任何作品。為了挽回顏面，我翻看了他的早期名作《火星紀事》（The Martian Chronicles）。可惜看了十幾頁仍提不起興致，只得半途而廢。

在那十幾頁中，只有一處令我讚賞，那是一位火星女子問自己丈夫「第三顆行星（即地球）上會有人居住嗎」時，丈夫給出的否定回答：「科學家說那兒的大氣中氧氣太多。」

我們這些地球讀者也許會笑話火星科學家的無知，不過，這種因自身環境引致的思維羈絆，恐怕是地球科學家也難以倖免的。不久前，兩位地球科學家 —— 美國科羅拉多大學（University of Colorado in Boulder）的馬丁（Rebecca Martin）和太空望遠鏡科學研究所（Space Telescope

Science Institute）的利維奧（Mario Livio）—— 所發布的一項被美國國家航空暨太空總署（NASA）及若干媒體報導了的研究，似乎就透著火星科學家的氣息。

馬丁和利維奧的這項研究提出了一個標新立異的觀點，那就是像我們太陽系中小行星帶那樣的小天體分布，對於高等生物的產生是必不可少，並且恰到好處的。這個觀點的標新立異之處在於，小行星因其撞擊地球、導致生物大滅絕的能力，一向是被當成威脅生物演化的災星的。為了剷除災星，一些科學家甚至認為木星這個小行星「清道夫」的存在對於高等生物的產生是必需的。這是所謂「地球殊異假說」（rare Earth hypothesis）的一部分。而馬丁和利維奧卻提出，小行星不剷除固然不行，剷除得太徹底也不行，必須剷除得像太陽系中的小行星帶那樣恰到好處才利於高等生物的產生。這一觀點的一個直接後果，就是使「地球」的存在變得更稀有了。事實上，馬丁和利維奧對目前已知的太陽系以外的行星系統進行分析後發現，像木星那樣的「清道夫」位於有可能將小行星剷除得恰到好處的位置上的比例只有約4%。這之中恰好有小行星帶，且位置恰好便於「被剷除」得恰到好處的，當然更少。

提出這樣標新立異的觀點，究竟有什麼理由呢？其中一個比較新穎的理由，是認為「適度」的小行星撞擊所導致的生物大滅絕可以為新物種的出現創造條件，迫使倖存的舊物種重新適應環境，加速物種的整體演化，從而有利於高等生物的出現。從這個意義上講，小行星的存在對於高等生物的出現來說，反而成了福星。作為例證，馬丁和利維奧提到了發生在距今約 6,500 萬年前的白堊紀（Cretaceous Period）末期的隕石撞擊。那次撞擊造成的包括恐龍在內的大量物種的滅絕，曾經為哺乳動物的崛起創造了條件。

有道理嗎？倘若緊跟馬丁和利維奧的邏輯，很可能是會覺得有道理的。不過，那道理有多正確，卻大可商榷。事實上，只要從他們的邏輯上稍稍偏開一點，換個視角，恐怕就不難察覺其與布萊伯利筆下火星科學家的觀點有一定的相似性，比如都把自己生活的環境當成了唯一恰到好處的環境。這種「以己度人」的推理雖未必一定是錯，卻很容易忽視其他可能性。

拿馬丁和利維奧的推理來說，很多其他可能性就被忽視了。比如生物大滅絕可以加速物種演化的觀點乃是源自一種被稱為「間斷平衡」（punctuated equilibrium）的生物進化理論，而那種理論是有爭議的。又比如，即便生物大滅絕可以加速物種演化，它是否需要隕石撞擊來促成也是未知之數。這不僅因為我們還無法將生物大滅絕和隕石撞擊的時間確定到建立因果聯繫所需的精確度上，而且還因為許多其他可能性也能導致生物大滅絕，其中包括單純的隨機性 —— 後者並非偷懶，而是因為有生物學家發現生物滅絕的規模與發生頻率滿足近似的冪定律，而冪定律的一種可能的起源就是隨機性[2]。再比如，即便生物大滅絕需要隕石撞擊來促成，那隕石是否來自小行星帶也仍是未知之數。比如有些科學家就認為，比小行星帶遙遠得多的歐特星雲（Oort cloud）才是造成生物大滅絕的隕石來源地。[3]

所有這些爭議和未知的背後，無疑都是其他可能性。

忽視所有其他可能性，而把我們或許只是碰巧生活在其中的環境當成唯一，那樣的標新立異有多大的可信度？我不知道。但對之多打一個問號，我想是要比追逐新奇的媒體，以及布萊伯利筆下的火星科學家更明智的。

---

2 對此感興趣的讀者可參閱拙作《從「預測」戰爭說起》 —— 已收錄於本書。

3 對此感興趣的讀者可參閱拙作《那顆星星不在星圖上：尋找太陽系的疆界》的第 32 節（清文華泉，2020 年 1 月出版）。

尋找「地球」

銀河系中究竟有多少顆行星？這在以前是一個理論問題，如今卻更多地成為了觀測項目。

1992 年，科學家們在一顆編號為 PSR1257+12 的脈衝星（pulsar）周圍發現了兩顆行星，由此開啟了觀測太陽系以外行星（extrasolar planet）的時代。截至 2012 年 1 月，已被確認的太陽系以外行星達到了 700 多顆，有待確認的「候選者」更是多達 1,000 多顆。相應地，人們對銀河系中行星數量的估計也一再飆升，僅在過去一年裡，就從 500 億增加到了 1,600 億。

研究太陽系以外的行星有什麼意義呢？首要的意義是說明我們更好地理解行星系統的特點及形成。其次則是探索外星生物 —— 尤其是智慧生物 —— 存在的可能性。後者導致的一個搜索目標，就是尋找類似於地球的行星，或曰尋找「地球」。

什麼是類似於地球的行星呢？首先，它所圍繞的必須是所謂的主序星（main-sequence star），即像太陽這樣尚處於「壯年」期的恆星，而且「塊頭」與太陽相近（否則會因各種原因無法長期維持生物演化所需的穩定而適宜的環境）。其次，它必須是「類地行星」（terrestrial planet），即像地球這樣具有固體表面的行星。此外，它還必須能長期維持液態水和大氣，這要求它與恆星的距離適中，即位於所謂的「可棲息帶」（habitable zone）中，而且質量不能比地球小太多（否則不會有足夠的引力長期維持液態水和大氣）。

為了尋找「地球」，科學家們進行了長期努力。1995年，他們在一顆編號為「飛馬座 51」（51 Pegasi）的類似於太陽的主序星周圍首次發現了行星，可惜那是一顆像木星那樣的氣態巨行星（gas giant）。這是觀測手段造成的自然篩選（因為氣態巨行星比較容易被發現）。直到十年後的2005 年，科學家們才在一顆編號為「格利澤 876」（Gliese 876）的紅矮星周圍發現了一顆質量約為地球 7.5 倍的類地行星。這種比地球大的類地行星被稱為「超級地球」（super-Earth）。2009 年之後，隨著克卜勒太空望遠鏡（Kepler space telescope）的啟用，「超級地球」的大小逐漸向「地球」靠攏。2011 年底，科學家們終於在一顆編號為克卜勒 20

(Kepler-20) 的類似於太陽的主序星周圍發現了兩顆質量與地球相近的行星。這一消息不僅令科學家們感到振奮，也引起了媒體的關注。

但美中不足的是，這兩個「地球」離它們的恆星都太近，從而並不位於可棲息帶中。這也是觀測手段造成的自然篩選（因為克卜勒太空望遠鏡需要觀測三個公轉週期才能提供一個行星候選者，因此先發現的只能是公轉週期較短，從而離恆星較近的行星）。科學家們期待在不久的將來會發現位於可棲息帶中的「地球」。

但即便是那樣的「地球」，它們與存在智慧生物之間也仍可能有著很大距離。有些科學家認為，智慧生物的產生有可能需要極為苛刻的條件，包括一些粗看起來無關緊要的條件 —— 比如在適當的距離上存在木星那樣的氣態巨行星，以及擁有月球那樣相對質量很大的衛星等。因為前者可以在很大的範圍內掃清小天體，使「地球」上的生物不至於頻繁遭遇毀滅性的隕石撞擊；後者則可以維持「地球」自轉軸的穩定等等。根據那些科學家的估計，考慮了所有條件之後，有智慧生物存在的「地球」是極為稀有的，即便在已大大「擴容」了的銀河系數以千億計的行星之中，也仍有可能是獨一無二的，這被稱為「地球殊異假說」(rare Earth hypothesis)。

當然，這是一個有爭議的假設，它的一個最有可能的缺陷就是過於依賴於人類自身這一智慧生物的單一樣本。其實，尋找「地球」的過程本身就多次顯示出了單一樣本的不可靠性。比如人們曾經認為類地行星離恆星較近，氣態巨行星離恆星較遠。但實際上，太陽系以外的一部分氣態巨行星卻出現在離恆星極近的地方；2011 年底所發現的那兩個「地球」更是如三明治一樣與氣態巨行星交錯分布著。這一切都無情地打破了人們曾經由太陽系這個單一樣本所推斷出的行星分布「規律」。

不過，爭議歸爭議，尋找「地球」的努力仍將繼續。即便存在智慧生物的「地球」真的極為稀有，尋找在某些方面類似於地球的行星依然是一項重要的探索。也許有一天，人類會向那樣的「地球」移民，甚至如艾西莫夫 (Isaac Asimov) 小說所描繪的那樣組成一個「銀河帝國」(galactic empire) 呢！

外星球的燈光

除了我們腳下這顆藍色星球外，還有多少星球上存在智慧生物？這是一個很多人感興趣、卻尚無答案的問題。有人傾向於所謂的「地球殊異假說」（rare Earth hypothesis），即認為地球有可能是銀河系甚至宇宙中唯一存在智慧生物的星球；也有人相信所謂的「平庸原理」（mediocrity principle），即認為智慧生物的出現乃是不足為奇的現象。

這種見解上的分歧近期內還看不到解決的可能，因為我們不僅從未發現過外星智慧生物棲居的星球，甚至連什麼手段最適合搜索他們都還有爭議。在筆者還小的時候，一種比較流行的看法是認為智慧生物必定會像人類一樣發展出無線電通信技術，並且必定會向外太空洩漏電波，因此最適宜的搜索手段是探測他們的電波。可惜，人類自己的技術發展很快就讓這一手段失了寵 —— 因為比無線電通信更優越的光纖通信通常不洩漏電波。

那麼，還有什麼別的手段適合搜索外星智慧生物呢？最近，兩位美國科學家——哈佛大學（Harvard University）的勒布（Abraham Loeb）和普林斯頓大學（Princeton University）的特納（Edwin Turner）提出了一種設想。他們認為，外星智慧生物必定會像人類一樣使用燈光，從而我們可以透過探測外星球的燈光來搜索他們。

聽起來有點意思，但外星球的燈光——如果有的話——究竟能在多遠之外被探測到呢？勒布和特納做了簡單估算，結果表明像人類大城市那樣的燈光可在 50 個天文單位（約 75 億公里）處被觀測到。這相當於太陽系周邊的柯伊伯帶——一個距太陽 30 ～ 55 天文單位的小天體帶——與我們的距離。受此啟發，勒布和特納提出了一個更大膽的設想，即個別柯伊伯帶天體或許真的就是外星智慧生物的棲居地，它曾經很靠近太陽或其他恆星，從而演化出了智慧生物，後來因某種原因脫離了原先的軌道，「漂移」到柯伊伯帶中。勒布和特納還進一步提出，柯伊伯帶天體上的燈光與天體本身的光亮不同，前者與離太陽的遠近無關，後者卻與遠近有關（因後者是陽光反射所致）。因此，透過跟蹤觀測柯伊伯帶天體離太陽的遠近與它的亮度間的關係，我們就有可能發現棲居在那裡的智慧生物。

由於外星智慧生物一向是大眾喜愛的話題，勒布和特納的設想引起了不少媒體的關注。但其實早在 1979 年，著名美國科普作家艾西莫夫（Isaac Asimov）就在《外星文明》（Extraterrestrial Civilizations）一書中提及了類似的設想。當然，艾西莫夫沒有提議以當時尚未發現的柯伊伯帶為搜索目標。不過，那目標與其說是創意，不如說是胡猜，因為在它背後，是一系列極不可能的假設：比如假設在柯伊伯帶天體上能演化出智慧生命（那樣的小天體哪怕曾經溫度合適，也很難長期維持大氣和液態水）；比如假設在如此寒冷的環境下，智慧生物居然仍生活在天體的表面而沒有躲到更利於保暖的內部；比如假設在資源如此匱乏的情況下，智慧生物居然會讓大量燈光耗散在虛空裡……

不過，以柯伊伯帶為搜索目標雖屬猜測，用外星球燈光搜索智慧生命倒未必毫無可行性。如果那外星球比柯伊伯帶天體大得多，燈光總量也更多，探測的可行性就會更大。比方說，如果外星球的燈光與目前整個地球的燈光相當，我們在 1,000 個天文單位（比太陽系最遙遠的行星海王星離我們還遠 30 多倍）處就能探測到。如果探測技術進一步發展，或外星球的燈光比這更強，則探測距離還可增加，直至延伸到其他恆星的周圍。

另一方面，這探測手段也帶給我們一個反面啟示，那就是人類的燈光污染（light pollution）已達到了驚人的規模——用人類自己的技術在 1,000 個天文單位處就能探測到。如果真有外星智慧生物的話，他們或許也在搜索我們，而且誰也不確定他們對我們懷有善意還是惡意。最安全的做法也許是在搜索他們的同時隱藏自己。為此，我們顯然需要在控制燈光污染上多下功夫。

當然，外星智慧生物可能也會這麼想，從而也控制自己的燈光。那樣的話，這一搜索手段很可能也會成為徒勞，而我們的好奇心則將持久地懸著。

假如接收到外星人的資訊……

英國科幻作家威爾斯（H. G. Wells）在《世界大戰》（The War of the Worlds）的開篇這樣寫道：

我們的世界正在被一種比人類更先進、但同樣會死亡的智慧生物聚精會神地注視著，……像我們用顯微鏡研究一滴水裡蠕動繁殖的生物一樣地仔細。……他們的智慧跟我們相比，就如我們跟消亡了的野獸相比。這些數量龐大、更冷酷並且毫無同情心的智慧生命正在用嫉妒的眼睛觀察著地球，緩慢卻扎實地擬定著對付我們的計畫。

宇宙中除人類外究竟還有沒有其他智慧生物 —— 即所謂的外星人？這個迄今沒有答案的問題曾讓小時候的我著迷，我甚至夢見過自己被友好的外星人帶到他們的星球上，醒來後還回味良久。如今想來，那當然是「孩子氣」的，因為外星人未必是友善的，就像地球上的很多生物絕沒有兒童漫畫上那麼可愛一樣。相比之下，威爾斯顯然更有「政治」頭腦，深知「防人之心不可無」的道理。

既然外星人的「好壞」未卜，那假如接收到他們的資訊，人類該怎麼辦呢？這個問題引起過很多人的思考。1990 年代，由著名科學家馮·卡門（Theodore von Kármán）「領銜」創立的國際宇航科學院（International Academy of Astronautics）提出了一系列應對原則，其中包括：

- 啟動國際磋商，研究是否回覆及如何回覆的問題。
- 磋商應在聯合國和平利用外太空委員會（Committee on the Peaceful Uses of Outer Space of the United Nations）等組織之內進行。
- 磋商的結果應交由聯合國大會（United Nations General Assembly）發布。
- 如果決定回覆，回覆應代表全人類。
- 回覆的內容應展現出對全人類福祉的細緻考量，並在發送前公諸於世。
- 任何國家或個人都不應在國際磋商之前進行回覆。

初看起來，這似乎有些杞人憂天，因為外星人是否存在還是未知數，討論回覆資訊之類的問題豈不是無的放矢？不過，隨著對太陽系以外行星的搜索日益增加，以及對微弱信號的探測能力不斷提高，誰能保證明天不會帶來驚奇呢？事實上，早在 1960 年代，就曾有過一次驚奇，使某些科學家一度以為有可能接收到了外星人的資訊。那段軼事最近被發掘出來後引起了一些媒體的報導。

那是在 1967 年，英國劍橋大學的女研究生貝爾（Jocelyn Bell Burnell）用電波望遠鏡接收到了一個奇怪的脈衝信號，長度不到 0.3 秒（實際只有 0.04 秒），間隔約為 1.3 秒（更精確的數值是 1.3373 秒），極有規律。這會不會是來自地球上的干擾呢？答案是否定的，因為信號的方位很快被確定為是在天上。而進一步的分析則顯示出信號源不會比行星更大。一個不比行星更大的天體居然發射出有規律的電波信號，這實在很令人驚奇，而且實在很容易讓人聯想到外星人。為這種聯想推波助瀾的，是自 1950 年代起，飛碟熱席捲歐美。受之影響，貝爾發現的信號幾乎立刻獲得了一個暱稱：小綠人（Little Green Men），那是某些飛碟目擊報告中外星人的標準形象。就連貝爾的老闆休伊什（Antony Hewish）也在信件及回憶中表示「小綠人」的信號讓他困惑，因為這種信號顯得如此「人為」（artificial），「不得不認真考慮那是『有人』發給我們的」。而這種信號若果真是外星人發來的話，當然不是他的研究組能夠應對的，因此他甚至考慮到是否該將此事報告給皇家學會乃至政府。這種思考脈絡是頗有幾分接近國際宇航科學院的原則的，但比後者早了20多年。

不過，「小綠人」事件很快就水落石出了，因為貝爾很快發現了其他幾個類似的信號源，頻率各不相同，但都有很穩定的週期。哪怕對外星人最有熱情的人，也很難相信短時間內會冒出這麼多不同的外星人，而且個個都用實際上傳遞不了多少資訊的週期性脈衝來發送信號。因此，「小綠人」的設想很快就隕落了。與此同時，能解釋那些脈衝信號的天文學理論則出爐了，那就是它們都來自一類被稱為中子星(neutron star)的緻密天體。這類發射脈衝信號的中子星也被稱為脈衝星(pulsar)。1974年，休伊什因這一發現獲得了諾貝爾物理學獎，成為獲得這一殊榮的第一位天文學家，而研究生貝爾與諾貝爾獎的無緣則引起了很多人的不平——當然，那是題外話了。

往事已逝，那麼明天呢？明天還會有那樣的驚奇，甚至真正的驚奇嗎？

滿月之咒？

撰寫本文時，正是美國的「萬聖節」(Halloween)，也稱「鬼節」。這是孩子們的最愛 —— 可以穿上奇裝異服，扮成鬼怪四處討要糖果等。這也是電影院「鬼片」疊出的日子，就連素來嚴肅的科學場館，有時也會迎合氣氛，比如芝加哥的阿德勒天文館（Adler Planetarium）就在今年推出了題為「血月的詛咒」(Curse of the Blood Moon) 的新片。說起來，將月亮 —— 尤其是滿月 —— 神秘化還真是常見的故事或偽科學題材，比如傳說中的「狼人」(Wolf Man) 就是每逢滿月之夜，就從人身變為狼身；相信所謂「滿月之咒」(curse of full moon)，將滿月跟暴力、災難，乃至股市變化等聯繫起來的也大有人在。

這些都只是故事、附會或無稽之談。不過，2006 年，科學家們居然真的發現了一個跟滿月有關的奇怪現象。

這現象還得從阿波羅計畫（Project Apollo）說起。該計畫最大的成就當然是將人送上了月球，但它還有一些不太出名，卻同樣有價值的貢獻，比如 1969 ～ 1971 年間，阿波羅 11、14、15 號飛船在月球上留下了一組反射裝置，能將射往月球的雷射光束反射回來，利用雷射光束經反射往返所需的時間，科學家們能精確地測定出地月距離。

在利用那組反射裝置方面做得特別精密的是美國加利福尼亞大學聖地牙哥分校（University of California, San Diego）的物理學家墨菲（Tom Murphy）等人，他們測定的地月距離的精度達到了不可思議的毫米量級。不過，在測定過程中，墨菲等人發現了一個奇怪現象，那就是反射光 —— 即被反射裝置反射回來的光 —— 的強度只有計算值的十分之一左右，更奇怪的是：每逢滿月之夜，強度還會進一步降低一個數量級，降到只有計算值的百分之一左右！

這無疑是一個奇怪甚至有些神秘的現象。對於這種現象，首先可以猜測的是偶然性 —— 比如觀測誤差。別小看這種猜測，很多所謂神秘現象正是將偶然誤當成必然所致。不過，這回的現象很快就被證明不是偶然的，因為它是可重複的，在每個滿月之夜都會發生。

既然不是偶然現象，就該有必然原因，莫非真的有「滿月之咒」？科學家們自然不會這麼想。那麼，究竟什麼原因會降低反射光的強度呢？科學家們想到了一個很平凡的因素：灰塵。計算表明，反射裝置中的反射鏡只要有一半左右被灰塵覆蓋，反射光的強度就會降到原先的十分之一左右，與墨菲等人觀測到的情形一致。

對於那更奇怪的滿月之夜的光強進一步降低一個數量級的情形，科學家們也提出了解釋，那就是滿月之夜有一個特殊之處：陽光能照到反射裝置的反射鏡上（這是因為反射鏡位於反射裝置的底部，只有陽光接近直射時才會被照到，而滿月之夜的陽光正好接近直射）。陽光照到反射鏡上原本是沒什麼大不了的（因為會被反射掉），但灰塵的存在改變了一切，因為灰塵會吸收陽光，被吸收的熱量會透過熱脹冷縮等效應干擾反射鏡的功能。計算表明，這種干擾恰好能使反射光的強度進一步降低一個數量級。

至此，一個能解釋現象的假設形成了。接下來是對它進行檢驗。當然，假設所試圖解釋的現象本身也是對它的檢驗，但科學家們通常希望能對假設所導致的其他推論也進行檢驗。那麼，上述假設有可被檢驗的其他推論嗎？有！一個顯而易見的推論就是：假如在滿月之夜不讓陽光照到反射鏡上，反射光的強度就應該跟非滿月之夜相同（即不會進一步降低一個數量級）。

但是，反射鏡遠在月球上，有什麼辦法能在滿月之夜不讓陽光照到它呢？科學家們想到了一個妙法，那就是利用月食，因為在月食期間，地球本身將擋住射向月球 —— 其中包括反射鏡 —— 的陽光。2010 年 12 月 21 日，墨菲等人利用一次月全食對上述假設進行了檢驗，結果非常漂亮：反射光的強度隨著月食的進行逐步增強到非滿月之夜的強度，然後又隨著月食的結束重新降低到滿月之夜的強度。

「觀測—假設—檢驗」，這項精巧的小研究不僅支持了假設，而且很好地演示了科學研究的步驟。不過，探索不會因此而終結。可以預期，科學家們不僅會重複此類檢驗，而且還將檢驗更多的推論，比如既然灰塵是「罪魁禍首」，那麼反射光的強度應該會有隨灰塵的累積而持續降低的趨勢，這也是可以檢驗的（事實上，墨菲等人已經注意到了歷史資料與這種趨勢基本相符，更多的檢驗則有待未來實現）。

如果人類消失了……

據說人類是從大約一萬年前開始結束與其他動物相類似的「遊獵」生活，而轉入「安家」狀態的。「安家」之後，人類又漸漸「立業」，創造我們如今稱之為「文明」的東西，這些東西使整個星球的面貌發生了翻天覆地的變化。

但是，假如某一天人類忽然消失了，這些東西又會有怎樣的命運呢？這個頗具幻想色彩的問題在過去幾年裡引起了很多人的興趣。激發這種興趣的是美國亞利桑那大學（University of Arizona）的新聞學家魏斯曼（Alan Weisman）。2007 年 7 月，魏斯曼出版了一本暢銷書：《沒有我們的世界》（The World Without Us）。受其啟發，2008 年的 1 月和 3 月，美國歷史頻道（History）及國家地理頻道（National Geographic Channel）先後推出了系列片《人類消失後的世界》（Life After People）及《零人口》（Aftermath: Population Zero）。

這些圖書和影片為我們勾畫出了人類消失之後的圖

景，比如：

- 人類消失幾小時後，電力供應將逐漸中斷，其中最先中斷的是對燃料需求最頻繁的火力發電廠。受此影響，人類消失後的第一個夜晚降臨時，某些曾經是人類聚居的地區就將重回史前時代的星月照明。
- 人類消失幾天之後，一些沿海城市的地鐵隧道將因排水設備的停止運轉而遭水淹。
- 人類消失幾星期後，人類豢養的動物大都已餓死，有幸逃脫「牢籠」者將四處覓食，重回史前時代的天然競爭。
- 人類消失幾個月後，野生動物將越過「雷池」，侵入城市，與城裡的動物搶奪「天下」。
- 人類消失幾年之後，道路將陸續破碎，植物從縫隙中頑強地長出，並逐漸將道路遮沒。
- 人類消失幾十年後，民居的屋頂將陸續垮塌；一些像上海東方明珠電視塔那樣建在沿海地帶、易遭水淹的大型建築將因地基潰爛而整體垮塌；低軌道的太空飛行器將陸續隕落。
- 人類消失幾百年後，幾乎所有的大型建築都將不復存在，並逐漸被浮土和植被所覆蓋。

這就是人類消失後人類文明的結局，迅速得有些令人尷尬。僅僅幾百年的時間，大自然就能基本收復曾被人類占據的絕大多數「失地」（火災、地震等甚至還會加速這一進程）。

讀者也許會問：上述圖景的依據何在？主要的依據有兩類：一類是針對建築材料所做的科學實驗，那些實驗可以讓科學家們間接推測建築物的壽命；另一類則是對現實中被遺棄的建築或城鎮 —— 比如 1986 年核事故之後遭遺棄的蘇聯城市車諾比（Chernobyl） —— 的考察，那些考察是對上述圖景的直接印證。

不過，辛苦發展了上萬年的人類文明倒也不會就此消失殆盡，因為上述圖景只是粗線，有許多細小之處不在其中。就像個人喜歡流芳百世一樣，人類作為一個群體也有類似的欲望，想要留存一些「千秋萬載」的東西。比如 2008 年，一個被稱為「永生盤」（Immortality Drive）的記憶體被送到了國際太空站（International Space Station）上，它所儲存的是作為人類文明「樣本」的若干名人 —— 比如英國物理學家霍金 —— 的 DNA 等資訊。不過一旦人類消失，這個意在「永生」的東西其實存在不了多久，因為像國際太空站那樣的低軌道衛星用不了多久就會隕落。人類也曾把一些重要文件存放在最恆定的環境裡，企圖「千秋萬載」，但隨著電力的消失，恆定的環境將不復恆定，用不了多久，那些檔案也將徹底朽壞。

那麼，人類文明中能留存最久的究竟是什麼呢？其實是一些並非為了這一目的而留下的東西，比如某些塑膠製品（它們具有極強的抗腐蝕分解的能力），以及阿波羅登月計畫遺留在月球上的月球車（它處在近乎真空的純淨環境裡），那些東西都將存在上百萬年甚至更久的時間，成為人類文明最持久的印記。除此之外，還有若干行星際太空飛行器，它們也能存在極長的時間，只不過，遠離出發地的它們猶如虛空中的塵埃，被發現的可能性是微乎其微的。

看來，若真想在人類消失之後留下點什麼的話，月球是一個不錯的地點，人類也許應該將某些能昭示自己存在的資訊存放在那裡。不過，個人的流芳百世是給後人看的，但如果整個人類消失了，那些「千秋萬載」的東西給誰看呢？尤其是，假如宇宙中 —— 如某些科學家認為的那樣 —— 不存在其他智慧生物的話，保留人類存在的資訊還有意義嗎？這個問題就留給哲學家們去思索吧。

危險的粉塵

在歷史上，粉塵爆炸曾屢屢發生：二戰期間，幾家英國麵粉廠的粉塵爆炸，威力之大甚至超過了德國空軍投擲的炸彈。

粉塵爆炸不僅在戰亂年代或安全措施相對薄弱的發展中國家屢屢發生，在發達國家也並不罕見，比如 1980 ～ 2005 年間，美國就發生了近 300 次粉塵爆炸或燃燒事故，導致至少 119 人死亡。美國化學品安全委員會（US Chemical Safety Board, CSB）在一份報告中指出，此類事故頻發的主要原因之一是有關粉塵爆炸知識的缺乏。

那麼，就讓我們「亡羊補牢」地了解一點有關粉塵爆炸的知識吧。

看似無害的粉塵為什麼會爆炸呢？原理其實跟普通物體的燃燒相似。我們知道，物體燃燒需若干要素，比如可燃物、助燃物（比如氧氣）及熱源（比如火）。粉塵爆炸本質上是一種極快速的燃燒，因而也需要這些要素。不同的是：普通物體在點燃及燃燒過程中燃燒部位的熱量會因傳往內部而損失，從而增加點燃難度，且減緩燃燒速度；而粉塵由於體積細微，因傳往內部而損失的熱量微乎其微，從而往往容易點燃，且燃燒很快，甚至連一些傳統上不可燃燒的物體（比如金屬）或燃燒緩慢的物體（比如木材），一旦成為粉塵，也會變成能快速燃燒的可燃物。

但這還不是最關鍵的，因為粉塵還有一個更要命的特點，那就是總表面積巨大。小小的粉塵，總表面積怎麼會大呢？這是因為物體磨碎後粉塵尺寸越小，粉塵數量就越大，而且跟粉塵尺寸的立方成反比（因為單個粉塵的體積跟粉塵尺寸的立方成正比）。另一方面，單個粉塵的表面積是跟粉塵尺寸的平方成正比的。因此粉塵的總表面積 —— 即粉塵數量乘以單個粉塵的表面積 —— 跟粉塵尺寸成反比，尺寸越小，總表面積就越大。比如一個重量為 8 公斤的鐵球的表面積約為 0.05 平方公尺，一旦磨碎成尺寸為 50 微米 —— 約相當於麵粉粉塵的尺寸 —— 的粉塵，總表面積將增至 120 平方公尺。由於燃燒主要發生在可燃物與助燃物的接觸面上，因此總表面積的巨大使粉塵具有足以導致爆炸的超高的可燃性。

總表面積超大與粉塵爆炸的關係還可以從另一個角度來

理解，那就是物體的表面通常具有所謂的「表面能」(surface energy)，表面積越大，表面能就越高。因此粉塵的總表面積超大意味著總表面能超高（這種表面能來自於將物體磨碎時所投入的能量）。在物理上，能量高的狀態通常是不穩定的，容易經由物理或化學變化釋放能量。粉塵爆炸就是一種釋放能量的過程。

不過，粉塵爆炸也並非毫無門檻，而是要求粉塵達到一定的濃度，且處於瀰散狀態（因為瀰散狀態能最有效地展現總表面積超大的「優勢」，與助燃物充分接觸）。粉塵爆炸門檻的存在提示了消除粉塵爆炸隱患的一個重要手段：除塵 —— 即降低處於瀰散狀態的粉塵濃度。

粉塵爆炸的另一個值得注意之處，是它的威力有很大部分來自所謂的「繼發性粉塵爆炸」(secondary dust explosion)，即初次粉塵爆炸 —— 也稱為「原發性粉塵爆炸」(primary dust explosion) —— 的衝擊波將周圍的積塵揚起，使之達到粉塵爆炸門檻所要求的瀰散狀態而引發的更大規模的爆炸。當然，積塵也可以由其他原因而被揚起，那同樣有可能引發爆炸，比如前面提到的二戰期間那幾家英國麵粉廠的粉塵爆炸就是由德國空軍投擲在周圍的炸彈爆炸引發的。由於積塵所具有的這種危險性，美國消防協會（National Fire Protection Association, NFPA）將厚度在 1/32 英寸（約 0.8 毫米）以上，且占房間表面積 5% 以上的積塵列為粉塵爆炸隱患。

看來粉塵雖小，卻是很危險的東西。不過，也別把它看得太負面了，就像炸藥並非只能用於破壞，粉塵爆炸也可以有正面的應用。事實上，當你在電影裡欣賞驚險絕倫的爆炸特效，或在節日裡觀看絢麗多姿的煙火表演時，你所看到的有可能也是粉塵爆炸。

塵埃，無處不在的塵埃

1969 年 7 月 20 日，一個值得銘記的日子，美國「阿波羅 11 號」(Apollo 11) 的宇航員登月成功，在月面的塵埃中留下了一串腳印。比那早 11 年的 1958 年，在一個無人記得的日子裡，美國作家艾西莫夫（Isaac Asimov）發表了一篇題為《歲月的塵埃》(The Dust of Ages) 的短文，對月面上幾十億年累積的塵埃數量進行了估算，結論是塵埃厚度約為幾十英尺（約十公尺以上)。艾西莫夫據此想像：人類第一個登月太空飛行器將會在月面的塵埃中遭遇「沒頂之災」。

艾西莫夫錯了。

但那是一個可以原諒的錯誤。因為它比人類最早的月面軟著陸（1966 年）早了 8 年，無事實可鑑，所憑藉的資料本身也有著時代局限。而且，我們都難免會受地球經驗的影響。在地球上，塵埃的數量是驚人的，且無處不在：一束射入房間的陽光，就能照出飛舞的塵埃;一個幾天不掃的房間，就會蒙上薄薄的塵埃；更不用說讓人越來越頭疼的沙塵暴和霧霾了。

不過，地球塵埃雖無處不在，我們對它的了解其實仍很有限。比如長期以來，人們一般認為室內的塵埃大都來自人類或寵物的毛髮和表皮細胞、地毯及傢俱表面的脫落物、昆蟲屍體及其分解物等。這些都產生於室內。但 2009 年，美國亞利桑那大學（University of Arizona）的幾位科學家在用電腦模擬等手段對塵埃擴散進行研究之後卻提出，室內的塵埃約有 60% 是來自戶外的。看來，就連這樣一個用福爾摩斯的話說該是很「基本」（elementary）的問題，其答案也是有爭議的。這項研究看似冷門，若被證實，卻是可以有很多應用的，比如由於其對塵埃擴散的分析具體到了各種成分上，因而對控制特定類型的塵埃可能會有所助益。此外，若室內的塵埃果真約有 60% 來自戶外，那麼遇到「霧霾」時恐怕不是在家裡「躲貓貓」就可以高枕無憂的。

塵埃不僅存在於行星、衛星等固態天體的表面上，也普遍存在於太空中。比如在暮色或晨曦中有時可以見到的所謂「黃道光」（zodiacal light）就是陽光被太空中的塵埃散射所形成的。不過，科學家們對那些塵埃的具體來源也有一定的爭議。與地球上令人討厭的塵埃不同，太空中的塵埃乃是組成行星的原料——當然，也是組成我們這些小小生物的原料。那些原料中的重元素乃是在恆星內部煉製出來的，因而某些太空塵埃有一個很浪漫的名稱，叫做「星塵」(stardust)。從某種意義上講，我們都是「星塵」的後裔。

塵埃的重要性還展現在另一個很重要的方面，那就是蘊含著有關環境的重要資訊。比如房間裡某些久不被打掃的塵埃有可能蘊含著房間內外環境變遷的資訊，而太空中的塵埃因更長時間無人「打掃」，往往如化石般蘊含著遠古環境的資訊。後者引起了科學家們的濃厚興趣。作為這種興趣的展現，2013 年 9 月 7 日，美國國家航空暨太空總署(NASA) 發射了一個「月球大氣與粉塵環境探測器」(Lunar Atmosphere and Dust Environment Explorer, LADEE)，旨在對月球附近空間裡的塵埃進行研究。「嫦娥三號」登月之後，NASA 的月球探索分析組 (Lunar Exploration Analysis Group) 主席帕雷斯卡 (Jeff Plescia) 曾擔心「嫦娥三號」著陸過程中噴射出的氣體及激起的塵埃有可能干擾「月球大氣與粉塵環境探測器」的工作。但另一些專家——比如美國加州大學洛杉磯分校 (University of California, Los Angeles) 的天文學家里奇 (Michael Rich) ——則表示，那非但不是干擾，而且還能為「月球大氣與粉塵環境探測器」提供獨特的研究機會，因為「嫦娥三號」噴射出的氣體的成分是已知的，很容易區分，相反，透過觀測那些氣體及著陸過程中激起的塵埃在月球附近空間的擴散，人們可以獲取有關月球附近空間裡塵埃分布的額外資訊。看來，「嫦娥三號」對「月球大氣與粉塵環境探測器」究竟有何影響也是一個有爭議的問題。

也許，唯一沒有爭議的是：塵埃是一個在很多方面都值得研究的課題。

挑戰輪盤賭

輪盤賭（roulette）是一種很流行的賭博方法，通常被認為是起源於 18 世紀的法國，也有人將之推前到 17 世紀，歸功於機率論先驅帕斯卡（Blaise Pascal），認為是他在研究永動機時妙手偶得的。

輪盤賭的玩法十分簡單，一個轉盤被分為若干格 —— 通常為歐洲 37 格，美國 38 格，由玩家猜測射入轉盤的小球「花落誰家」（停在哪個格子），對了賭場以 35 ： 1 的比率賠錢給玩家。簡單的計算表明，玩家的贏率（即贏錢數量的期望值與所押本錢的比率）在歐洲和美國分別約為 -2.7% 和 -5.3%。贏率為負意味著只要玩得足夠久，玩家註定會輸錢，這當然是完全「合理」的，因為賭場正是靠這個維生。除猜測具體格子外，輪盤賭也有其他玩法，比如猜測小球停在轉盤的哪一半 —— 當然，那贏率也是負的。

這些贏率計算有一個前提，那就是小球停在哪個格子是隨機的。這一點並非很容易做到。比如 1873 年，有玩家對蒙特卡羅大賭場（Monte Carlo Casino）的輪盤賭進行了五個星期的細緻觀察，結果發現了系統偏差，並因此贏得了約 65,000 英鎊 —— 在當時是不小的數目。不過，只要製作和除錯足夠仔細，系統偏差是能被有效除去的。

除去了系統偏差，玩家若還想系統性地盈利，就得透過推算小球的運動，來發掘隨機性背後的規律。這從遊戲規則上講倒是可能的，因為輪盤賭允許玩家在開球之後才下注，從而有機會觀察推算小球運動所必需的初始條件。不過在這方面，賭場也做了防範，使小球在停下之前經歷多次碰撞，以確保其運動具有所謂的混沌性。而混沌性的基本特點是：初始條件的細微變化就能導致截然不同的後續運動 —— 對輪盤賭來說就是小球停在截然不同的格子裡。由於玩家對初始條件的觀察總是有誤差的，從而也就不可能推算出它停在哪個格子。輪盤賭的這一特點被法國科學家龐加萊（Henri Poincaré）寫入了名著《科學與方法》（Science and Method）中，成為混沌現象的經典例子之一。

兩條路都被堵死，看來玩家只能「願賭服輸」了。但一些科學家卻不甘心，仍要挑戰輪盤賭。

1967 年，一位名叫艾普斯坦（Richard Epstein）的數

學家發表了一組計算與實驗混雜的結果，宣稱能推算出小球落在轉盤的哪一半。但他的實驗是在自己家中而非賭場進行的，且因計算手段所限，無法即時推算，更不能實地檢驗。1969 年，美國數學家索普（Edward Thorp）則在一篇論文中指出，只要輪盤賭的轉盤有 0.2°的傾角，他就能透過對小球運動的推算達到約 15% 的贏率。索普並且披露，他的研究是跟資訊理論之父夏農（Claude Shannon）合作進行的。不過，索普的論文並未給出數學細節，從而雖然拉上夏農來背書，也並不能使人信服。1977 年，當時還是研究生的美國物理學家法默（Doyne Farmer）夥同幾位朋友也對輪盤賭展開了研究，並逐漸深入，不僅成為混沌理論專家，還將混沌理論應用到了金融領域，成為該方向的早期探索者。

這類挑戰斷斷續續進行著，雖未取得太可信的戰果，卻不時激勵著新的研究。2012 年，澳洲西澳大學（the University of Western Australia）及香港理工大學（the Hong Kong Polytechnic University）的數學家史莫（Michael Small）等人也加入了挑戰行列，並在美國物理聯合會（American Institute of Physics）的《混沌》(Chaos) 雜誌上發表了論文。

讀者也許會覺得奇怪，輪盤賭的小球運動既然是混沌的，科學家們為何還前仆後繼地進行挑戰？是龐加萊搞錯了，小球運動並非混沌嗎？不是。那些科學家的所謂推算其實是只針對部分環節的。比如史莫等人的推算只針對小球碰撞之前的運動，那部分運動不是混沌的。透過對那部分運動的推算，史莫等人可以判斷出小球初次碰撞的位置，雖然此後的運動仍只能被視為隨機，但史莫等人表示，他們已可獲得 18% 以上的贏率。

史莫等人的論文也有一些顯而易見的缺陷，比如未曾闡述對碰撞之後的隨機運動的處理，也未考慮摩擦及小球自轉等因素。不過，若他們的思路可行（哪怕成果沒有 18% 那麼顯著），或存在改進空間，那麼與之相應的應用軟體的問世應該不會遙遠。至於推算小球運動所必需的初始條件，則可以透過 Google 眼鏡之類的擴增實境技術來獲取。[4] 也許在不遠的將來，戴著 Google 眼鏡的玩家會橫行賭場，向輪盤賭發起面對面的挑戰 —— 當然，「道高一尺，魔高一丈」，賭場也不會坐以待斃。

---

4 對擴充實境技術感興趣的讀者可參閱拙作《從塗鴉到擴充實境》 —— 已收錄於本書。

從「預測」戰爭說起

美國科幻小說家艾西莫夫（Isaac Asimov）在他最著名的科幻小說《基地》系列（Foundation Series）中曾虛構過一門可對未來社會事件作出機率性預測的科學，叫做「心理史學」（psychohistory）。那門虛構科學在現實世界中從未實現過，而且也沒人知道它究竟能否實現。不過，科學家們的一項新近研究，卻似乎往那個方向邁出了一小步。

從局部衝突的規律到「預測」戰爭

2009 年 12 月，美國邁阿密大學（University of Miami）的物理學家約翰遜（Neil Johnson）及同事發表了一篇論文，對發生在世界各地的包括恐怖攻擊在內的各種局部衝突的規律進行了研究。這項工作的很大部分早在 2005 ～ 2006 年間就完成了，不過沒有發表在知名刊物上，而 2009 年的工作由於發表在《自然》（Nature）雜誌上，從而引起了廣泛關注。自 911 事件以來，那樣的局部衝突一直受到媒體的高度關注。約翰遜等人在那項研究中做了兩件事情：一件是對將近 55,000 次局部衝突進行了統計分析，結果發現在那些看似隨機的衝突中存在一些鮮明的規律，比如衝突的機率大都反比於死亡人數的 2.5 次方（具體冪次隨地域略有差異，但通常在 2.3 ～ 2.8 之間），而且衝突在時間上的分布也有一定的模式。不過，他們並不是最早發現這些現象的人。早在半個多世紀前，英國科學家理察森（Lewis Richardson）就進行過類似的研究，並發現了類似的現象。[5] 但約翰遜等人的研究有一個超越前人的部分，那就是他們所做的第二件事情：探究這些現象背後的原因。

在地理環境和人口密度千差萬別的國度裡，由文化背景千差萬別的人因千差萬別的理由而發動的衝突，為什麼會顯示出幾乎相同的規律呢？

為了回答這一問題，約翰遜等人提出了一個數學模型。在模型中，他們對發動衝突的各個團體（主要是遊擊隊或恐

5　理查德遜所研究的是正規戰爭，得到的冪次是 1.5，不同于約翰遜等人的結果，這表明正規戰爭與局部衝突存在系統差異。本文所謂的「預測」戰爭只是沿襲媒體用語，實際上是「預測」局部衝突。

怖組織）的行為進行了分析。他們假定那些團體的自身發展受兩個因素所影響：一個是為了增強實力而彼此合併，另一個則是因遭受圍剿而土崩瓦解。而對於那些團體會在何時發動攻擊，約翰遜等人認為那主要取決於對媒體版面的爭奪，其中的基本策略是避免與其他團體「撞衫」，以獲得盡可能集中的媒體關注。至於衝突造成的死亡人數，則被假定為是正比於團體的實力。利用這些假定，約翰遜等人在電腦上進行了數以萬計的模擬戰爭，結果表明其統計特性與真實資料十分相似。

受這一成果鼓舞，約翰遜等人宣稱他們的模型不僅解釋了發生在局部衝突中的那些規律，還可以使我們對未來衝突的時間及規模作出機率性的預測，從這點上講，它確實有點像艾西莫夫所虛構的「心理史學」。不僅如此，約翰遜等人還用他們的模型提示了一些應付局部衝突的手段，比如干擾那些團體的通訊，干預媒體的報導，安全部隊需以 15 ： 1 的人數優勢壓制那些團體等。他們並且舉出阿富汗戰場的情況作為對最後一條的佐證：在那裡共有 25,000 名塔利班武裝，而包括多國部隊及阿富汗安全部隊在內的反制人數即將增加為 330,000 人，約有 13 ： 1 的優勢，很接近 15 ： 1。此外，對一些並不顯而易見的策略，他們的模型也提供了一個實驗場，可以透過電腦模擬來研究其效力。

這些成果引起了廣泛關注，許多媒體用諸如「戰爭之霧已被撥開」、「戰爭是可預測的」、「所有戰爭的共同規律」那樣熱情洋溢的語言來形容約翰遜等人的研究。一些科普刊物也對約翰遜等人的研究做了介紹。這股熱情還延燒到了某些國家的軍方和警方，比如倫敦警方曾慕名向約翰遜諮詢 2012 年倫敦奧運會的恐怖風險問題。

但是，約翰遜等人的模型果真有媒體渲染的那種能力嗎？我們來稍稍探究一下。

我們首先要指出的是，約翰遜等人所提示的很多手段，比如干擾通訊或干預媒體等，其實是兵家常用的手段，並無任何獨特性。而阿富汗戰場上安全部隊與塔利班武裝之間 13 ： 1 的人員優勢，看似接近他們的建議，實際含義卻相當模糊，因為安全部隊中的阿富汗部隊與多國部隊戰力相差懸殊，將兩者的人數簡單相加幾乎是毫無意義的。甚至連他們所用的數學模型，也並非全新的東西，而是很接近賽局理論（game theory）中一個所謂「少數派賽局」（El Farol Bar problem，又稱「厄爾法羅酒吧問題」）的解法，這一點他們自己也注意到了。

但即便如此，假如約翰遜等人的模型能使我們真正理解衝突機率與死亡人數之間的關聯，它就仍不失為一項重要研究。

自然美背後的數學

那麼，約翰遜等人的模型能使我們真正理解衝突機率與死亡人數之間的關聯嗎？為了探究這一點，讓我們把視野稍稍擴大一些。約翰遜等人所發現的衝突機率與死亡人數之間的關聯其實不是一種孤立現象，它有一個名稱叫做冪定律（power law），因為它所涉及的是數學上的冪函數。在大千世界裡，冪定律的存在是極為普遍的，比如工程領域中的雜訊分布，社會領域中的股價漲跌、城市規模、科學論文的引用次數、維基百科的作者分布，以及自然領域中生物大小與種類的關聯、地震震級與次數的關聯、月球上隕石坑的分布等，都在一定範圍內、在一定程度上滿足冪定律。就連巴哈（Johann Sebastian Bach）的布蘭登堡協奏曲（Brandenburg Concerto）的頻譜中，也有冪定律的身影。

冪定律的存在範圍之廣，幾乎有超越隨機現象中極常見的常態分布（normal distribution）的勢頭，甚至被某些研究者稱為是比常態分布還要常態的分布。

事實上，約翰遜等人也注意到了，他們所發現的存在於局部衝突中的那些關聯，也同樣存在於金融領域中。從某種意義上講，金融家或金融公司在經濟領域中的行為與遊擊隊或恐怖組織在策劃恐怖攻擊時的行為有一定的相似性：大家都在爭奪有限的資源，前者是資金，後者 —— 按約翰遜等人的模型 —— 是媒體的版面，而且在基本策略中都包含了透過分析其他團體的行為來避免「撞衫」這一條，以謀求最大的、乃至獨有的獲利。[6] 更相似地是，人們在金融領域中也提出了很多數學模型，它們也具有一定的擬合數據能力，有些甚至還具有盈利能力（相當於預言能力）。但具有警示意義的是，迄今卻並無一種金融模型被認為是使我們了解了金融世界的真實機制。

那麼，約翰遜等人的模型會不會也是如此呢？

這個問題約翰遜自己也想到了，但他認為答案是否定

6　這種對比有點對不起金融家們，但它並非本文的獨創，約翰遜等人及很多媒體都做過這種對比。

的，因為他們的模型不是單純的資料擬合，而是建立在對遊擊隊或恐怖組織的社會行為進行合理假設的基礎之上的，因而有更大的可信性。

應該說，這個回答不無道理。從社會角度探索某些冪定律的起源確實已成為很多人的研究課題，甚至連物理預印本檔案館（arXiv.org）也為包含此類探索在內的研究設立了一個類別，叫做物理與社會（Physics and Society），約翰遜等人的早期研究就曾發表在那裡。不過在此類研究中成功的案例很少，卻有一個失敗案例很值得注意。半個多世紀前，美國語言學家齊夫（George Zipf）在人類語言的詞彙分布中，發現了一個冪定律，即如果把詞彙按使用頻率排序，那麼使用頻率與序號之間幾乎恰好成反比，這個冪定律被稱為齊夫定律（Zipf's law）。這個冪定律的起源是什麼呢？齊夫進行了研究，他的研究也正是從社會角度入手的。但後來人們發現，齊夫定律其實並不是人類語言所特有的。事實上，如果給猴子一台打字機，讓它隨意敲打一個帶空白鍵的鍵盤，並假定每個字母鍵被敲到的機率相同，那麼猴子敲出的「詞彙」也會滿足齊夫定律。因此，齊夫定律與其說是存在社會起源，不如說更有可能只是隨機現象中一個單純的數學規律，就像隨機現象中無處不在的常態分布一樣，齊夫從社會角度入手的研究看似合理，其實是誤入歧途了。

雖然我們不能據此認為約翰遜的研究也是如此，但冪定律所具有的超乎尋常的普遍性，本身就意味著很多模型都有可能導致冪定律，從而無法憑藉一個模型對結果的擬合來輕易推斷模型本身的有效性，這一點是我們看待此類研究時應有的謹慎。

在結束本文之前，讓我們再談幾句冪定律。迄今為止，冪定律的起源還是一個謎，不過在冪定律中有一個基本特點早就引起了人們的注意，那就是所謂的尺度不變性，即描述資料所用的單位無論怎麼改變（比如長度單位無論是用毫米、公尺，還是公里）冪定律都不受影響（即冪次不變）。那麼什麼樣的系統存在尺度不變性呢？主要有兩類：一類是不存在內在尺度的系統，另一類則是存在許多不同內在尺度的系統，前者通常滿足嚴格的冪定律，後者則通常滿足近似的冪定律。冪定律存在得如此普遍，在很大程度上是因為後者。著名的碎形理論專家曼德博（Benoît Mandelbrot）曾經說過，一座山脈要想有趣，就必須在許多不同尺度上都有景觀（峰、谷、懸崖、裂縫等）。這是自然美的一個重要組成部分，也是冪定律出現的土壤。

約翰遜等人的模型是否有效或許還有待進一步評估，但那模型背後的冪定律天地裡存在許多值得探索的問題則是無庸置疑的。

第二部分

創新點滴

流言止於熟人？

在拙作《竹筏還是燈塔——資料洪流中的科學方法》中，我曾寫道：「網際網路既是資訊庫，也是垃圾場。」在這「垃圾場」中，有一類「垃圾」具有很大的影響力，那就是流言。網際網路上的流言是如此眾多，我們不僅時常能夠聽到，甚至很可能曾在有意無意中傳播過它。

無論可靠的資訊還是流言，都是數量巨大且深具影響力的。它們究竟是如何傳播的呢？這個問題幾十年來吸引過不少人的關注，心理學家、社會學家、統計學家等都對資訊或流言的傳播進行過研究，其中比較著名的是美國社會學家格蘭諾維特（Mark Granovetter）的研究。在那項發表於 1973 年的研究中，格蘭諾維特對人與人之間的關係進行了分類，將關係疏遠的稱為弱聯繫（weak tie），關係密切的稱為強聯繫（strong tie）。在這基礎上他提出了一個結論，那就是資訊的傳播主要依靠弱聯繫——或者換句話說，資訊主要是經由關係疏遠的人傳播的。

這一結論多少有些出人意料，因為在直覺上，關係密切的人——即所謂的強聯繫——似乎才是更主要的資訊來源。不過比結論更出人意料的乃是結論背後的資料。那資料——你相信嗎——僅僅來自對經由朋友介紹而找到工作的幾十人的採訪。透過採訪，格蘭諾維特發現那些人多數是經由較為疏遠的朋友（即弱聯繫）的介紹而找到工作的，於是就做出了資訊的傳播主要依靠弱聯繫這一結論。在並不面臨實質困難的情形下，採集的資料如此稀少（只有幾十），選取的例子如此特殊（只是找工作），做出的結論卻如此宏大（針對資訊的傳播），這樣的研究雖一度遭到拒稿，最終卻以《弱聯繫的力量》（The Strength of Weak Ties）為題發表在了《美國社會學雜誌》（American Journal of Sociology）上，並成為了引用數超過 23,000 次的經典論文，這恐怕是社會科學獨有的奇蹟。

不過，經典自有經典的魅力。2013 年 3 月，美國東北大學（Northeastern University）的研究者卡塞（Márton Karsai）等人的一項新研究將那篇 40 年前的經典重新推上了新聞頻道。卡塞等人注意到，資訊傳播領域的研究有一個傳統的局限性，那就是所涉及的大都是對時間平均後的靜態資料。為了突破這一局限性，他們決定對動態資料展開研究。為此，他們採用了某個歐洲國家幾百萬人之間數以億計的手機通話紀錄，那些紀錄每一條都標有時間，從而很便於研究資訊傳播的動態過程。

經過研究，卡塞等人提出了一個新的結論，那就是強聯繫對資訊或流言的傳播有著阻礙作用，不僅會減慢傳播速度，而且還會減小傳播範圍。這個結論與格蘭諾維特早年的結論，即資訊的傳播主要依靠弱聯繫，可以說是互補的 —— 當然，也同樣有些出人意料。不過社會科學中的很多東西，當你有了結論之後，往往總能找到定性的說法來「解讀」。拿卡塞等人的觀點來說，那「解讀」就是：關係密切的人乃是熟人，熟人往往形成圈子，從而使資訊的傳播局限在圈子裡 —— 或者換句話說，經由強聯繫傳播的資訊往往會局限在由強聯繫組成的子網路中。聽起來有幾分道理，卻又不盡然，作為「解讀」恐怕就只能如此了。

常言道：流言止於智者。但若格蘭諾維特和卡塞等人的研究結論可靠，這「常言」似乎該改為「流言止於熟人」了。

不過，現在做改變還為時太早，因為卡塞等人的研究以資料多寡而言雖遠比格蘭諾維特的研究強，在其他方面卻仍很薄弱，不僅採用了很特殊的數學模型，所依靠的手機通話這一特殊資訊管道也是缺陷，因為與網際網路、報紙、電視等其他管道相比，手機通話的範圍是明顯偏於熟人（或強聯繫）的，從而並不能對強聯繫與弱聯繫的作用給出有效對比。而且手機通話未必是資訊傳播的主要管道，其代表性也是有問題的。不僅如此，資訊 —— 尤其是流言 —— 的傳播跟國民性格及文化、歷史等諸多因素有著密切關係，從而很可能是因國家、民族而異的。卡塞等人的手機通話紀錄來自單一國家，從而很可能已疊加上了那些因素的影響。事實上，卡塞等人自己也承認，目前尚不存在真正普遍的圖景，對資訊傳播的研究還有很長的路要走。

馬丁利模型

2012 年底，阿里巴巴創始人馬雲發表了著名的「油罐車」比喻，把讀書太多的人比喻成油罐車，建議「別讀太多書」。彷彿跟這一比喻做對一般，2013 年底，微軟創始人比爾蓋茲（Bill Gates）表示自己無論到哪裡總是帶著幾袋書，以便在旅行、等待、休假及夜晚閱讀。

比爾蓋茲不僅有廣泛的閱讀興趣，而且還贊助過很多教育及科研產業，他的微軟公司（Microsoft）甚至直接參與了一些與公司業務並無直接關係的科研專案。這種專案的一個例子就是「馬丁利模型」（Madingley model）—— 一個模擬生態系統的數學模型。馬丁利模型是微軟的計算生態及環境科學組（CEES）與聯合國環境規劃署世界保護監測中心（UNEP-WCMC）的聯合研究項目，以後者所在地英國劍橋的馬丁利（Madingley）村而得名 —— 因為那個美麗的村莊是這一模型的發源地。

模擬生態系統是一個很久以來就吸引著科學家們興

趣的課題。兩百多年前，英國學者馬爾薩斯（Thomas Malthus）的人口模型就可以算是這一課題上的早期研究，只不過涉及的是單一物種 —— 人類。一百多年前，美國數學家洛特卡（Alfred Lotka）提出的「掠食者—獵物模型」（predator-prey model）將此類研究擴展到了兩個相互競爭的物種。在一些新近研究中，物種的數量已被增加到了數以萬計，方法則轉為統計手段。不過，統計手段雖然強大，與具體生態機制的聯繫卻比較薄弱，從而不利於研究諸如某個特定物種對生態系統的影響之類的細緻課題。馬丁利模型在這方面可以說是填補了空白。

馬丁利模型 —— 在其研究者看來 —— 是對生態系統的首次全面模擬，這種模擬是建立在對生態關係（比如捕食者與獵物之間的大小關係、動植物之間的關係等）、物種與環境的關係（比如海洋、陸地對生物的影響等），以及環境本身（比如氣候、污染、人類的影響等）的數學描述之上的，涵蓋範圍則是陸地上和海洋裡的各種動植物，冷血的、恆溫的、草食性的、肉食性的、高大的、低矮的……無所不包。馬丁利模型的研究陣容也十分強大，包括了生物學家、生物化學家、生態學家、電腦專家等諸多專業人士。與馬丁利模型有關的論文則被發表到了諸如《自然》(Nature)、《皇家學會報告》(Proceedings of the Royal Society)等知名刊物上,並被許多媒體所報導。

透過馬丁利模型,科學家們不僅可以預測地球上各類生物的生存前景,而且還可以研究各種生態條件的變更——比如取走某些物種(模擬物種的滅絕)或引進某些物種(模擬物種的侵入)——會對生態系統產生什麼影響。這種近乎於能隨心所欲地改變乃至創造生態系統的自由度被英國《每日郵報》(Daily Mail)形象地比喻為是用電腦來比擬上帝。但這種模擬既不是神話也不是遊戲,而是被寄予了實實在在的厚望,比如很多人希望它能指導人們保護生態系統。

當然,厚望能否實現,關鍵還得看馬丁利模型對生態系統的模擬是否可靠,而這在學術界尚有不小的爭議。懷疑論者認為像生態系統那樣的複雜系統是無法用馬丁利模型來模擬的,更遑論用它來指導人們保護生態系統。支持者則認為,馬丁利模型與現實資料之間已經有了不錯的吻合,足以說明其可靠。支持者甚至舉了一個特殊的例子,即馬丁利模型對海洋魚類的一次模擬給出了比現實資料大一個數量級的結果,看似很糟糕,後來卻發現現實資料本身存在一個數量級的誤差，從而非但不見得糟糕，反而有可能是馬丁利模型的「第一次預言」。不過，這個例子雖是為了凸顯馬丁利模型的可靠而舉的（在看似不可靠之處依然可靠，無疑是可靠的另一境界），但容易被支持者們忽略的是，誤差是一柄雙面刃，既可以挽救模型與現實間的不吻合，也可以抹殺彼此間的吻合。比如那些「不錯的吻合」有多大的誤差？是否真有那麼「不錯」？就常被略而不提，而它們對於判定馬丁利模型的可靠與否也是很重要的。這方面的分歧估計還會持續一段時間。但不管怎麼說，馬丁利模型作為一項科學探索無疑是值得讚賞的，對這種探索的支持也無疑要比發表「油罐車」之類的比喻更有「正能量」。

高頻交易與
金融世界的黑天鵝事件

也許是把太多時間放在「雜務」—— 比如撰寫本文 —— 上的緣故，我的「錢途」跟許多校友相比，是大大落後了的。雖然我對「雜務」情有獨鍾，因而多年來可算無悔。但若說校友們的「錢途」從未令我羨慕過，那卻是說謊。事實上，起碼有一位校友的「錢途」令我羨慕過。那位校友從一家金融公司辭職創業後，短短幾年就在一座美麗小鎮買下了漂亮的房子。更令我羨慕的，是他不僅「錢途」光明，還特別有閒暇，不像我，一做「雜務」就影響「錢途」。

那位同學從事的是高頻交易（high frequency trading）。

高頻交易始於 1998 年。那一年，美國證券交易委員會（U. S. Securities and Exchange Commission）對電子交易開了大門。這一決策的初衷是「便民」—— 讓大眾能以個人電腦作為交易平臺，實際上卻催生了包括高頻交易在內的許多特殊交易手段。

高頻交易是一種極快速、買賣頻率極高的交易手段。在金融世界裡，風險與回報是密切相關的，風險越低回報也就越少。但高頻交易卻能利用高頻的優勢，將稍縱即逝的低風險、低回報機會彙聚成巨大利潤。不僅如此，借助速度優勢，它還能充分利用某些交易所給予最先交易者的優惠，以及允許交易者購買的幾十毫秒的提前瀏覽許可權。為了謀求毫秒級甚至更細微的時間優勢，高頻交易公司不惜重金租用毗鄰證券交易所的機房，鋪設專用電纜，以及開發專用晶片。由於這些系統性的優勢，多數高頻交易者甚至在金融市場很淒慘的情況下，依然能盈利。據估計，目前美國證券市場已有 73% 的交易量來自高頻交易，歐洲的這一比例也已達到 40%，亞洲的比例雖還不到 10%，卻在快速跟進中。

高頻交易雖早已是金融世界的重要組成部分，卻一直保持了策略性的低調。直到 2009 年 7 月，才因高盛公司（Goldman Sachs）一位原掌握高頻交易技術的「叛逃」工程師遭起訴而引起了關注。這其中最洩露天機的是高盛公司對該工程師的一句指控，即被他帶走的程式有可能被用於「以不公平的方式操縱市場」。一語激起軒然大波，公眾當即對高盛公司自己，乃至整個高頻交易技術是否「以不公平的方式操縱市場」產生了懷疑。不巧的是，高頻交易技術乃是金融界寧肯無法自辯也不願洩露的秘密，公眾的懷疑也因此更難平息。

2010 年 5 月 6 日，一次被稱為「閃崩」（flash crash）的金融事件再次把高頻交易推上了風口浪尖。那一天，道瓊（Dow Jones）指數在五分多鐘內暴跌了 600 多點。五個多月後，美國證券交易委員會公布的一份調查報告指出，高頻交易在其中至少發揮了放大跌幅的作用。

儘管金融界的保密使外界無法知曉高頻交易的內部細節，但有些研究者卻另闢蹊徑，試圖從外部特徵入手，來研究高頻交易。2012 年 2 月，美國邁阿密大學（University of Miami）的物理學家約翰遜（Neil Johnson）及合作者對 2006 ～ 2011 年間的 18,520 次幅度在 0.8% 以上、時間跨度在 1.5 秒以內的高頻股價波動進行了分析，結果發現跌落和上漲方式分別在 650 毫秒和 950 毫秒的時間跨度上出現顯著變化。約翰遜等人認為，這樣的時間跨度恰好對應於人類的最短反應時間，因此這種變化是高頻交易取代人類而產生主導作用的徵兆。在論文中，他們還特意使用了 2004 年開始流行的一個叫做「黑天鵝」的新術語，將那些高頻波動稱為黑天鵝事件。什麼是黑天鵝事件呢？它是指出人意料、卻有著重大影響力的偶然事件。

約翰遜等人的研究引起了很多媒體的關注，約翰遜本人在接受採訪時表示，他們的發現有可能說明人們應對高頻交易造成的影響。他認為，就像飛機修理工能從細微裂縫中判斷飛機是否安全一樣，人們也將能從細微的黑天鵝事件中窺視金融世界的風險。

不過，約翰遜等人的研究還很初步，他們甚至沒有對高頻交易問世之前的資料進行分析，以確定自己的發現是否是高頻交易時代特有的。他們用以檢驗自己看法的模型也極為粗糙。高頻交易是否是金融世界黑天鵝事件幕後的主要推手，應該還有待更多的研究來判斷。另一方面，即便高頻交易是主要推手，它對金融世界的影響是正面還是負面的？也仍有很大的爭議餘地。

不過，對於普通投資者來說，美國證券交易委員會前主席唐納森（William H. Donaldson）的一個看法也許不容忽視，他說如果無法跟上高頻交易者的技術步伐的話，普通投資者「將處於巨大的劣勢中」。

金融策略 vs. 隨機性

在現代社會中，無論看電視、讀報紙，或瀏覽網路新聞，都很難不接觸到形形色色的經濟資料，比如經濟成長率、新屋開工數、首次領取失業救濟金的人數、進出口貿易額的增減等等。報導經濟資料的一種常見模式，是公布資料的同時提一下經濟學家曾經有過的預期，然後給出諸如「高於預期」、「低於預期」、「明顯高於預期」、「明顯低於預期」、「與預期完全不同」、「出人意料」等的評語。

對於我這種「理科男」來說，這樣的報導模式是比較合胃口的，因為它給出了「理論」和「實驗」的對比。不過，對比的結果卻給我留下了相當負面的印象，因為「理論」和「實驗」常常大相徑庭，誤差百分之幾十、幾百甚至正負完全顛倒都屢見不鮮。那樣的報導看多之後，我常常會閃過這樣的念頭，即哪怕由我這種外行人來隨意估計 —— 平均而言 —— 也未必比經濟學家的預期更不靠譜。當然，我從未對經濟學感興趣到足夠的程度，來把這種可能會被斥為「理科沙文主義」的看法付諸實踐。

後來我才知道，認為隨意估計也未必比經濟學家的預期更不靠譜的並非只有我一人，而且有些人明顯比我認真和大膽，不僅這麼想了，還用一定的方式針對某些方面進行了檢驗。

2013 年 1 月，義大利卡塔尼亞大學（University of Catania）的物理學家普魯其諾（Alessandro Pluchino）與包括經濟學家比昂多（Alessio Biondo）在內的幾位同事合作發表了一篇題為《社會及金融系統中隨機策略的有益作用》（The beneficial role of random strategies in social and financial systems）的論文，提出了在預測金融市場的某些變化時，標準金融策略還不如隨機性有效。這一研究引起了一些媒體的興趣，比如著名美國雜誌《連線》（Wired）就以《為什麼隨機投資與雇金融顧問同樣有效》（Why Investing at Random Is as Effective as Hiring a Financial Adviser）為題報導了這一研究。

普魯其諾等人的研究其實已進行了多年，研究過的系統也不限於金融，而是包括了諸如企業中的人員升遷等社會現象，所得結論都有些出人意料。比如對企業中的人員升遷，他們的結論是：若升遷前後職位所需的技能相差很大，則隨機挑選升遷者比精心挑選更有效。初看起來，這有點荒謬，不過，社會學上有一條所謂的「彼得原理」(Peter principle) 與之不無呼應。該原理認為，升遷的終極結果乃是把人從自己勝任的職位提升到不勝任的職位。仔細想想，這些說法也不無道理，因為升遷者通常是因勝任而被升遷，升遷之路的終止則往往是因升到了不再勝任的職位上，從而不再受器重。

普魯其諾等人的研究手段是電腦模擬。在金融策略的研究中，他們採用了真實的金融資料：從 1998 年 1 月 1 日至 2012 年 8 月 3 日的總計 3,714 個交易日的倫敦證券交易所 (London Stock Exchange) 的富時指數 (FTSE index)。他們將資料按時間分段，然後用電腦對各時間段的資料進行預測。由於這種名為「預測」的計算乃是針對歷史資料，因此可以與實際值相比較，以檢驗預測的好壞。他們用以預測的方法有三種，其中一種是純粹的隨機預測，另兩種則是以「相對強弱指標」為基礎的策略 (RSI-based strategy)，以及所謂的「慣性策略」(momentum-based strategy)。這後兩種策略 —— 用普魯其諾等人的話說 —— 都屬於「標準交易策略」(standard trading strategy)，而前一種則形同兒戲。但三種策略的比較結果卻顯示，前一種策略不僅預測準確率稍高，而且很穩定，鮮有大起大落，從而風險較低。對於這一結果，普魯其諾等人的解釋是：標準金融策略常常會把「寶」誤壓在不足為憑的漲跌上，從而放大了漲跌，大起大落和交易風險便隨之而生。當然，對於想賺大錢的人來說，或許大起大落才更刺激、也更有魅力，這就好比很多人都知道長期而言賭博是註定會輸的，甚至會「大落」，卻仍願去搏那小機率的「大起」。不過，撇開這種心理因素不論，隨機性若果真能勝過標準金融策略，對於理解金融世界來說實在是不容忽視的事情。

但是，隨機性果真能勝過標準金融策略嗎？雖然我對經濟學缺乏敬意，並樂見衣冠楚楚的金融顧問們敗給本質上是一把骰子的隨機性，卻並不覺得上述研究已接近哪怕只是初步的結論。事實上，普魯其諾等人自己也承認，要判斷他們的結論有多大的普遍性，還需要研究更多的金融資料，並對更多的金融策略進行比較。

我們都像「費米子」

有過網路購物經驗的讀者想必都知道，當你在購物網站——比如亞馬遜（Amazon）——瀏覽或購買商品時，網站通常會向你推薦一些商品。這種推薦是基於商品的種類、性質、彼此間的相似性、配套性，以及對你本人或其他顧客的購物行為進行分析之後作出的。在它背後是一套被稱為推薦引擎（recommendation engine）的複雜系統。

推薦引擎在現代商業中扮演著日益重要的作用，但迄今為止，它的能力還是比較初級的，時不時地會推薦一些與顧客興趣南轅北轍的東西。為了改善推薦引擎，許多大公司都雇了技術人才進行研發，著名網路媒體公司網飛（Netflix）公司更是在 2006 年至 2009 年間幾度舉辦競賽，懸賞百萬美元，徵集能將準確度提高 10% 以上的新推薦引擎。2007 年，這一競賽的優勝者據說將 107 種不同演算法融合在了一起，其複雜度之高可見一斑。

如此複雜的技術需求對學術界也是一種吸引。2013 年 1

月，瑞士佛立堡大學（University of Fribourg）的物理學家瓜爾迪（Stanislao Gualdi）及同事就發表了一篇文章，試圖對推薦引擎做出系統性的改進。瓜爾迪等人注意到，傳統推薦引擎有一個很大的問題，就是沒有考慮到被推薦的東西所能允許的顧客數量可能是有限的。比如我們常常有這樣的經驗，一個推薦景點因被推薦而變得人滿為患，一家推薦旅館因被推薦而變得一房難求。凡此種種，都說明顧客的需求常常是有排他性的，不喜歡擁擠，而且商品的供給也常常是有限的，只能容納數量有限的顧客。傳統的推薦引擎因為忽略了這一點，常常會誤導顧客。

怎麼解決這一問題呢？瓜爾迪想到了自己的老本行：物理學。在物理學上，有一類極具排他性的傢伙叫做費米子（fermion）。這種粒子的基本特點是：一個狀態只能容納一個粒子。當然，推薦引擎的情況要比這寬鬆，即便有排他性，同一種商品所允許的顧客數目通常也多於一個（但有限）。不過，在大方向上，將顧客行為與費米子相類比成為了瓜爾迪等人的研究思路。

沿著這一思路，並兼顧了同一種商品所允許的顧客數目可以多於一個（但有限）這一不同於費米子的特點，瓜爾迪等人對推薦引擎做了系統改進。在他們的改進中，顧客需求的排他性展現在消費某種商品的顧客數目越多，該商品對其他顧客的吸引力就越小之上（具體的減少方式不是唯一，可在簡單與有效之間做折衷，甚至可將不同方式混合起來）。那麼，改進的效果如何呢？瓜爾迪等人以網飛公司為前面提到的競賽所提供的 DVD 出租資料為依據進行了實驗，結果發現改進後的推薦引擎不僅可以有更高的準確度，還可以增加被推薦商品的種類（這是可以預料的，因為顧客需求的排他性勢必導致商品選擇的多樣化，從而考慮這一因素勢必會增加被推薦商品的種類）。

不僅如此，瓜爾迪等人還發現了一個出乎意料的結果，那就是對顧客需求不存在排他性的商品，引進排他性居然也能提升推薦的準確性 —— 一個很好的例子就是他們檢驗改進效果所用的 DVD，那是一種可以複製，從而有多少人想買都不會有問題的商品。這是什麼緣故呢？瓜爾迪等人認為，這是因為在推薦領域有一個眾所周知的效應，那就是推薦結果往往會不適當地偏向於流行商品。而排他性因為限制了流行商品的顧客數量，恰好抑制了偏向性。從這個意義上講，幾乎對所有商品，作為顧客的我們都在某種程度上像一群「費米子」。

當然，瓜爾迪等人的研究是否有實用價值，目前還難下斷語。因為他們用來衡量推薦引擎準確性的理論指標與商家關心的經濟利益並不是一回事。對於商家來說，對顧客數量人為設限不僅需要有勇氣，更需要強有力的證據使他們相信這樣做有經濟上的益處。提供那樣的證據無疑還需要更多的研究。不過，瓜爾迪等人所開闢的這個改進推薦引擎的新方向，或許是值得注意的。

書店的未來

在我購買過的電子產品中，用得最多的莫過於亞馬遜公司（Amazon）的電子書閱讀器（kindle），在上下班途中及外出旅行時幾乎天天都用（相比之下，對於我這種疏於交際的人來說，手機一整天不響是常有的事）。在購買閱讀器之前，我攜帶的是實體書，為了決定帶哪一本書，有時會像布里丹之驢（Buridan's ass）一樣大費腦筋。

隨著電子書數量的快速增加及閱讀器技術的日益發展，將自己的部分或全部閱讀「數位化」的人已越來越多。2010年7月，亞馬遜公司宣布自己的電子書銷售已超過了精裝本實體書的銷售。電子書的快速崛起是數字時代帶給我們的無數新變化之一。受這一變化影響最大的，莫過於傳統書店。事實上，早在電子書崛起之前，圖書的網路銷售就已分走了傳統書店的很大一部分客流。網路銷售因無需支付昂貴的店面租金，而具有經營成本上的巨大優勢。以美國為例，就在亞馬遜公司宣布電子書銷售超過精裝本實體書銷售的同一年，傳統書店在圖書業中的整體份額已掉到了一半以下。電子書的崛起不過是加速了圖書業的重新洗牌而已。

在這洗牌的過程中，創立於1971年，雇員人數近兩萬，分店遠及澳洲、紐西蘭、新加坡等地的美國第二大連鎖書店博德斯（Borders）書店在走過了40年的風風雨雨之後，於2011年9月砰然倒地，黯然退出了歷史舞臺。關於博德斯書店倒閉的原因，分析家們眾說紛紜，但面對電子書和網路銷售的雙重挑戰，應對速度偏慢、應對策略失當無疑是很重要的因素。博德斯書店的倒閉並不是傳統書店困境的唯一寫照。據統計，在2000年至2007年間，美國有超過1,000家大大小小的傳統書店倒閉。也許是從這一系列書店倒閉事件中看到了不祥的未來，博德斯書店的倒閉，即便在一些能因之而受益的競爭對手眼裡，也成為一件令人傷感和自省的事情。

那些在洗牌過程中倖存下來的傳統書店，則不斷改變著經營格局以謀生路。除盡力跟進電子書和網路銷售這兩個新興領域外，很多書店擴大了店內的咖啡部、兒童玩具部及電子書閱讀器的展示台，實體書所占的空間則有所縮減。如果這代表了生存戰略和發展趨勢的話，那麼會不會有一天，實體書所占的空間縮減為零，傳統書店蛻變成咖啡館和玩具店呢？

這並不是杞人憂天，而是一個很多人正在思考，且答案有可能在不遠的將來浮出水面的問題。樂觀人士表示，傳統書店作為讀者與作者的互動場所及社區文化中心，有著無可替代的功能，從而將繼續存在。但技術的發展果真無法替代這一功能嗎？恐怕誰也說不準。我倒是覺得，傳統書店有一項功能確實是無可替代的，那就是在愛書之人心目中的懷舊功能。只要這一功能尚存，書店就很可能仍有未來，只不過那未來也許不是作為普通商店，而是變成像博物館或俱樂部那樣需買票進入的地方。倘若真有那樣一天，也許你依然會透過某家書店的玻璃門看到一位白髮蒼蒼的老人，坐在書香環抱的靠椅上，一邊品著咖啡，一邊靜靜翻閱著古老的實體書，那就是本文的作者 —— 假如他還健在的話。

但再往後呢？當由實體書和傳統書店伴隨成長起來的愛書之人本身也退出歷史舞臺，只剩下自幼習慣於電子書的新一代時，書店還會有未來嗎？我就完全不知道了。不過，著名美國科幻小說家艾西莫夫（Isaac Asimov）在 1951 年曾經寫過一則題為《他們有過的樂趣》（The Fun They Had）的兒童科幻故事。那則故事的主人公是生活在 2157 年的孩子們，那時已沒有學校，沒有教師，也沒有書本 —— 當然更沒有書店，所有的學習和閱讀都已搬到了螢幕上。故事中的孩子們在家中閣樓上發現了一本古老的實體書，記述著過去孩子們的生活，那樣的生活讓他們羨慕不已……

也許艾西莫夫是對的，實體書和傳統書店終將消失。那就讓我們珍惜這兩者依然存在的今天，珍惜讓未來孩子們羨慕的「我們的樂趣」吧。

億萬富翁的夢想

每個人都生活在現實中，但多數人都有夢想，其中最受大眾青睞的夢想也許就是：如果我有錢了……可惜只有少數人的這一夢想能夠成真，尤其是，如果你已到了我這把年紀還有這一夢想，它成真的機率就可以忽略了。這時候，不如去看看真正有錢人的夢想吧。

2012 年 4 月，幾位億萬富翁 —— Google 的創始人佩吉（Larry Page）、執導過《鐵達尼號》（Titanic）、《阿凡達》（Avatar）等影片的名導演卡麥隆（James Cameron）、兩度自掏腰包 —— 每次幾千萬美元 —— 遨遊太空的「遊客」西蒙尼（Charles Simonyi）等 —— 成立了一家名字很夢幻的公司：行星資源公司（Planetary Resources, Inc.），其使命包括「將商業化的新技術用於太空探索」，「開發廉價無人太空船以探索資源豐富的小行星」，以及「將太空資源納入人類經濟」。

開發太空資源並不是一個新夢想，早在航太時代之初，就有很多人做過，若把科幻也算上，則還可追溯得更早。可惜那些羅曼蒂克的夢想在現實面前卻屢屢觸礁，迄今未能圓夢。那麼，此次的夢想有何不同呢？最大的不同也許就是這群夢想家更現實（他們都是現實中的成功之士），在夢想中融入了「商業」、「經濟」等概念。

不過，夢想要變為現實，光有概念不夠，還必須有方案。這一點行星資源公司也作了考慮，在它的方案中，第一步是確定開發範圍。考慮到行星際旅行的高昂費用，及距離將會引致的信號延誤等為操控帶來難度的因素，該公司選定的開發範圍是所謂的近地小行星（near-Earth asteroid），它們離地球的最近距離只有幾百萬公里，在新聞中往往是以有可能與地球相碰那樣駭人聽聞的身分出現的。由於近地小行星大都很小，為了搜索它們，行星資源公司正在研發一系列小型太空望遠鏡，其鏡面面積和所需費用都不到哈伯太空望遠鏡（Hubble Space Telescope）的百分之一，重量則只有幾十公斤。這種太空望遠鏡除用於搜索近地小行星外，還可以出租給其他使用者，以賺取利潤（這是早期的夢想家們很少設想到的）。

在搜索到的近地小行星中，哪些最適合開發呢？行星資源公司認為主要有兩類：一類是富含水的，這類小行星的結構比較鬆散，開採相對容易，甚至可以直接「刮取」(scrape)，用途則是給其他太空飛行器提供補給，以節省從地球運水到太空所需的每公斤上萬美元的費用；另一類是富含貴重金屬的，這類金屬在地球表面十分稀少（因為早在幾十億年前就大都沉入地球內部了），從而價值極高。據估計，一顆富含此類金屬的尺寸僅幾十公尺的小行星上的礦產就可以值幾百億美元。不過，此類小行星的結構比較堅固，開採難度較大，且開採後還需運回地球冶煉，成本也較高。至於採礦工具，則絕不能用從小行星上取回幾十克樣品就耗資數億美元的現有的太空飛行器，而需研發費用低廉的新型自動太空飛行器。

方案是有了，疑問卻也不少。比如為其他太空飛行器補給水資源在目前這個太空活動尚不頻繁的時代恐怕很難有利可圖。而開採貴重金屬雖看似能賺錢，但它本身就會使那些貴重金屬因供應量激增而貶值。另外還有人提出，從採礦的角度講，比近地小行星近得多的月球才是更好的選擇，因為月球上不計其數的隕石坑，本身就是保存相當完好的小行星礦產（事實上，地球上的很多貴重金屬礦也是坐落於隕石坑）。當然，月球也有不利之處，那就是引力場較強，使得將礦產運離月球需耗費額外費用。

不過有一點基本可以確定，那就是「將太空資源納入人類經濟」就像許多其他經濟活動一樣，離不開規模效應，從而有賴於太空活動的頻繁化。從這一意義上講，這幾位億萬富翁的夢想雖更細緻，大方向卻與早期夢想中遲遲未能實現的繁忙的星際探索圖景殊途同歸。也正因為如此，它的實現恐怕就像那些早期夢想的實現一樣，是難以預測的。

不過，在諸多夢想之中，這幾位億萬富翁能選擇令人神往的星際探索事業，終究是值得讚許的。若因此而將更多人的注意力吸引到這一已在一定程度上被現實埋葬了的早期夢想上來，甚至取得進展，則更是一件好事。

列印出來的世界

美國科幻電視連續劇《星艦迷航記》（Star Trek）中有一項「小」技術引起過很多觀眾的興趣，那就是食物複製機（food replicator）。使用者只要對著它說出食物名稱，它便能頃刻間將之製造出來。與同屬這一電視連續劇的未來色彩更濃厚的技術——比如生命傳輸機（transporter）[7]——相比，食物複製機的實現前景要光明得多。事實上，也許很少有影迷注意到，比《星艦迷航記》中出現食物複製機還略早幾年的 1980 年代初，一項與之有一定相似性的新技術：3D 印表機（3D printer）就已問世了。

3D 印表機顧名思義，就是可以像普通印表機列印 2D（平面）文稿那樣列印出 3D（立體）物體。從某種意義上講，它的工作原理也與普通印表機相似，只不過因為要列印的是 3D 物體，列印過程必須分層進行，列印所用的「油墨」則

7　對生命傳輸機感興趣的讀者可參閱拙作《因為星星在那裡：科學殿堂的磚與瓦》（清華大學出版社 2015 年 6 月出版）中有關生命傳輸機的章節。

必須是可以層層黏連，並能夠固化的物質，後者既可以是本身（或經適當加熱後）就有黏連能力的塑膠（plastics）、樹脂（resin）等，也可以是本身沒有黏連能力，但可以製成粉末靠黏合劑黏連起來的玻璃（glass）、金屬（metal）等。

3D 印表機在問世之初不僅體積龐大、應用稀少，而且價格非常昂貴（直到 2005 年還動輒就要數萬美元），後來卻大有突飛猛進之勢，獲得了日益迅速的發展，價格越來越低（入門級產品已降到了幾百美元），能列印的物品卻從兒童玩具到機器零件，從珠寶首飾到考古復原物，越來越琳琅滿目。最近兩年，更是每年都有很吸引目光的東西被列印出來：2011 年是列印出來的航空模型一飛沖天（不過發動機尚不是列印的）；2012 年則是列印出來的槍枝橫空出世（不過彈藥及某些非管制部件尚不是列印的）。其中後者著實讓很多人捏了一把汗 —— 既替槍枝管制擔憂，也替 3D 印表機本身擔憂，因為它若可以列印槍枝，很可能本身就會受到某種程度的管制。

3D 印表機的快速發展不僅吸引了公眾的目光，也引來了一些大公司 —— 比如惠普（Hewlett-Packard）和 Google（Google） —— 的關注。與此同時，它的一些大型

應用 —— 比如列印建築模組或真正飛機的部件 —— 也被提上了議事日程。在不久的將來，住上列印出來的房子和乘坐列印出來的飛機也許都將不再是幻想。

粗看起來，3D 印表機雖然新奇，它能列印的東西用傳統生產方法也都能製造，但細想一下，兩者卻有著微妙且意義深遠的差別。比如傳統生產的每個新設計都往往需要新的模具、新的生產線乃至新的工廠，3D 印表機卻不需要，從而可以極大地降低技術革新的成本和發明創造的門檻。另一方面，3D 印表機的成熟與普及有可能會改變全球的產業分布，比如第三世界國家依靠廉價勞動力而獲得的訂單有可能會大量流失，因為發達國家可以用 3D 印表機自行生產所需的產品或零件，從而既免去漂洋過海的運費，也節省了時間。由此引起的世界經濟格局的變化，有可能是極為巨大的。2011 年，著名雜誌《經濟學家》(The Economist) 在介紹 3D 印表機時甚至將之與蒸汽機和電晶體那樣的劃時代發明相提並論。

不過，上面這些發展與《星艦迷航記》中的食物複製機相比仍有一段距離。除了專用於列印巧克力、糖果等的單功能 3D 印表機外，目前的 3D 印表機所注重的主要是形狀、強度之類的粗糙物理品質，而不是對食物來說至關重要的細緻化學成分。為了保證細緻化學成分的相同，在《星艦迷航記》中，食物複製機是在分子、原子尺寸上複製食物的，這對於3D 印表機來說還是遙不可及的（後者目前達到的最小尺度約為 0.1 毫米），不過 3D 印表機也正在往最小尺度前進著。比如研發中的所謂「器官印表機」（organ printer），就是一種以細胞為「油墨」，試圖列印出器官的 3D 印表機，雖還達不到分子、原子的尺寸，在某些方面卻比《星艦迷航記》中的食物複製機更先進。

這樣的進展若能持續，3D 印表機也許在不太遙遠的將來就能列印出人們所需的絕大多數產品。那時候，它的生產商也許會效仿阿基米德（Archimedes）的口氣做一句很誇張的廣告：給我一台印表機，我就能列印出整個世界！

讓紅綠燈變得更聰明

汽車是現代社會不可或缺的工具。不過，很多人在享受汽車便利的同時，也深受交通堵塞之苦。在現代社會面臨的諸多問題中，交通堵塞是比較棘手的一個；而且汽車的地位越是重要，它帶來的損失也就越大。以號稱「車輪上的國家」的美國為例，每年因交通堵塞帶來的經濟損失超過 1,000 億美元，浪費的汽油超過 100 億升，累計浪費的時間超過 50 萬年（確切地說是「人年」），而且還導致大量額外的空氣污染。

為緩解交通堵塞問題，人們想過很多辦法，其中很重要的一項就是優化紅綠燈系統（因紅綠燈往往是交通堵塞的樞紐之處），比如對主幹道上的紅綠燈進行協調，使得車子行進時，前方的信號逐次轉綠。不過，這種令人賞心悅目的紅綠燈協調所依據的通常是高峰時段的車流規律，在其他時段的效果就沒那麼好，而且它為了保障主幹道的交通，常常會過分犧牲其他道路。

除了這種本質上是依固定程式運作的紅綠燈系統外，人們還研究過其他系統，比如由車流量的大小來確定紅綠燈的轉換，使車流量大的道路為綠燈。這類系統稱為局部優化（local optimization）系統。不過，讓車流量大的道路為綠燈看似改善，其實並非良策，因為在一個方向的車流量持續很大時，它往往會使另一個方向的紅燈時間太長；而在兩個方向的車流量彼此接近時，它又往往會使紅綠燈的轉換太過頻繁，以至於無法有效地疏減車流。

不過，最近幾年，德國研究者萊默（Stefan Lämmer）和赫爾賓（Dirk Helbing）為緩解這些問題做了一些新的努力，並取得了一些成果。

萊默等人的努力從原理上講其實很簡單，那就是將紅綠燈的轉換設計得更聰明一些。具體地說，是以紅燈方向的車流量達到一定數量作為紅燈轉為綠燈的條件，並且該數量並非簡單地以大於綠燈方向的車流量為標準（即並非總是讓車流量大的道路為綠燈），而是隨紅燈的持續時間而變，持續時間越長，該數量越小（具體的變化方式有一定的選擇自由度）。這是什麼意思呢？就是說紅燈的持續時間越長，轉為綠燈所需的車流量就越小，也就是越容易轉為綠燈。不僅如此，當紅燈的持續時間長到一定程度時，該數量將降為零，這意味著紅燈方向哪怕只有一輛車，也可獲得綠燈，從而避免了因一個方向的車流量持續很大而使另一個方向的紅燈時間太長的問題。同時，這也意味著紅燈剛開始時，會因該數值較大而不容易轉為綠燈，從而避免了紅綠燈轉換過於頻繁的問題。此外，這一設計還自動保證了車流量大的道路獲得較大比例的綠燈時間，因為它會更容易 —— 或者說更快地 —— 滿足紅燈轉為綠燈的條件。為了讓紅綠燈在各個時段都「聰明」，萊默等人還在高峰或低谷時段，對該數值作整體性的上調或下修。最後，在各方向的車流量都極低的情況下，萊默等人的設計還會自動轉入普通的局部優化系統，讓車流量大的道路為綠燈，從而避免諸如在半夜空蕩蕩的街道上遇到紅燈那樣的情形，而這在現有的紅綠燈系統下是很常見的。

　　這種設計的效果如何呢？萊默等人進行了模擬。他們模擬的是德國城市德勒斯登（Dresden）的一個繁忙街區，那裡有十幾個間距不等的紅綠燈，火車站、有軌電車、公車一應俱全，還有大量行人及其他車輛，交通狀況特別複雜，現有紅綠燈系統的表現則特別不佳。萊默等人的模擬顯示，他們的設計可以使平均交通延誤時間減少 10% ～ 30%。

不過，以現有紅綠燈系統表現特別不佳的街區作為比較物件恐怕不是最有說服力的，因為不同系統的薄弱點往往不同，在一個系統的特別薄弱之處，另一個系統哪怕整體上未必更優秀，也很可能會表現得更好。因此，萊默等人的設計也許還需要更多的模擬乃至在實際情形的檢驗才能真正確定其效果。但起碼從思路上講，他們的設計是有一定道理的。

讓我們期待在不太遙遠的未來，紅綠燈將變得更聰明，人們的出行也將變得稍稍通暢一些。

交通堵塞的物理學

學物理的人常會產生一些奇特聯想。比如水在適當條件下會出現所謂「過冷」(supercooling) 的現象，溫度低於冰點而不結冰，但只要稍加擾動或摻入雜質，就會快速凝結成冰。最近幾個月，我每天上下班在某高速公路上開幾十分鐘的車，漸漸地，注意到了一個有趣的現象：那高速公路通常是暢通的，但稍有干擾都不行，小雪、小雨、小霧，甚至一輛警車停在路旁，都常能使它堵塞得一塌糊塗。每當我的車子陷入那樣的堵塞之中時，我就會恨恨地聯想起過冷水的凝結來。

原以為這不過是自己的奇特聯想，卻不料這些天打算以交通堵塞作為本期專欄短文的題材時，一查資料，居然發現有關交通堵塞的流行理論包含了這一聯想。

我們從頭說起吧。自汽車的大規模使用開始，交通堵塞這一現代社會的頑疾就不曾離開過我們，對它的研究也因此有了一段不算太短的歷史。在這種研究中，一個很流行的視角就是將車流與水流相類比。早在 1950 年代，英國流體力學專家萊特希爾（James Lighthill）與應用數學家惠特姆（Gerald Whitham）就提出了一個模型，將高速公路上的車流類比於水管中的水流。這一模型稱為萊特希爾 - 惠特姆模型（Lighthill-Whitham model），是許多後續研究的基礎。1990 年代初，德國物理學家奈格爾（Kai Nagel）和史瑞肯貝格（Michael Schreckenberg）等人推進了這種類比，在他們的模型中，司機的行為被抽象為了幾條主要特徵：比如司機們會努力維持與前方車輛的安全距離；比如安全距離是隨車速的增加而增大的。這些特徵符合幾乎所有司機的行車習慣，從而是很合理的。透過這樣的模型，奈格爾等人發現當車流密度達到某個臨界值之後，車流速度會明顯減緩，也就是說會發生交通堵塞。

這是一個不錯的結果，可惜卻太規律了一點，不足以說明如本文開頭所述的那種現象，即交通堵塞有時似乎是由極偶然的細微因素引發的。為了進一步探究交通堵塞的秘密，1995 年，奈格爾等人對模型作了進一步修訂，引進了一條描述司機行為的新特徵，即假定司機們會傾向於盡量維持自己的車速。在這一假定下，奈格爾等人發現，當車流密度超過臨界值時，由於司機們維持自己車速的頑固意願作祟，車流仍會保持較高的速度。但那樣的車流將逐漸失去穩定性，各種偶然因素，比如道路缺陷、天氣因素乃至某位司機的煞車踩得太重，都會被快速放大並導致交通堵塞。這一結果正是本文開頭所提到的交通堵塞與過冷水的凝結這一物理現象之間的相似性。

交通堵塞與物理現象之間的相似性還不止於此。奈格爾等人的模型——經過與現實資料的比較——雖然對交通堵塞作出了較好的描述，卻也並非盡善盡美。更細緻的考察發現，現實的車流中除了暢通和堵塞之外，還有一種很常見的狀態，就是所有車子都以大概相同的速度緩緩行駛。1990年代末，這種被稱為「同步」（synchronized）的狀態被俄裔德國科學家克爾納（Boris Kerner）等人吸收進了一個新的模型。在這種模型裡，車流與水流的模擬走得更遠：正如水有氣、水和冰三種狀態，車流也有暢通、同步和堵塞三種狀態；而且正如氣的結冰通常要經過「水」這一中間狀態，交通狀態由暢通到堵塞也通常會經過「同步」這一中間狀態。這種模型被稱為「三相交通理論」（three-phase traffic theory），也引起了一些人的關注。

這些有關交通堵塞的研究由於其與物理學的相似，而被一些人稱為了「交通物理學」(traffic physics)。「交通物理學」雖還處在發展階段，卻已有了許多應用。就拿交通堵塞與過冷水的凝結之間的相似性來說，它所顯示的交通堵塞與偶然因素之間的密切關聯可以啟示人們關注一些看似細微的東西，比如司機踩煞車過重的情形。研究表明，只要消除 20% 的司機踩煞車過重的情形，就能顯著改善道路通行狀況。在這方面，開發自動或半自動的駕駛技術或許是大有可為的。除這種細部應用外，交通物理學還可以有更宏大的應用，比如預言交通堵塞的發生，並將結果即時提供給司機，用以預警及避免堵塞。

機器人與艾西莫夫定律

小時候看過一部名為《未來世界》的科幻電影，其中一位酷似真人的機器人是我的殘存記憶，也很可能是我初次接觸「機器人」這一概念。後來，經由圖書、雜誌陸續接觸到了更多有關機器人的內容，甚至形成了未來世界會有很多機器人的印象。

再後來，讀到了艾西莫夫（Isaac Asimov）的機器人故事。在那些故事裡，機器人遵循所謂的「艾西莫夫定律」（Asimov's Law）—— 也稱為「機器人三定律」（Three Laws of Robotics）：

- 第一定律：機器人不得傷害人，也不得因不作為而使人受到傷害。
- 第二定律：機器人必須服從人的命令，除非那命令與第一定律相衝突。
- 第三定律：機器人必須保護自己，只要這種保護不與第一及第二定律相衝突。

這些定律的引進是為了消解對機器人的敵意 —— 在艾西

莫夫的故事裡，多數人對機器人懷有敵意，擔心它們危害人類。艾西莫夫定律也被其他一些科幻作家所採用，由此形成了機器人小說的一種獨特流派（順便提一下，艾西莫夫後來還增添了一條「第零定律」：機器人不得傷害人類整體，也不得因不作為而使人類整體受到傷害。後兩條定律則相應增加了不得與第零定律相衝突的限制）。

這一切都只是科幻，但是——

近來，一些研究者開始考慮一個有趣的問題：科幻世界裡的艾西莫夫定律有必要引進到現實世界中來嗎？這種考慮的一個例子，是德國科布倫茲-蘭道大學（Universität Koblenz-Landau）的兩位研究者發表的一篇論文，題為《我們需要艾西莫夫定律嗎？》（Do We Need Asimov's Laws?）。該論文梳理了機器人這一概念的歷史沿革：從西元前 8 世紀左右的荷馬史詩故事，到 15 世紀的達文西所設想的機器；從 18 世紀英國的砸毀機器運動（類似於艾西莫夫故事中針對機器人的敵意），到 20 世紀早期捷克作家恰佩克（Karel Čapek）的筆下首次出現「機器人」一詞……透過那樣的梳理，該論文把科幻小說裡有關機器人危害人類的擔憂歸結於西方的宗教傳統，即宗教傳統不允許效仿上帝，機器人卻是效仿上帝造人的產物，故而引起擔憂。由於宗教傳統並非現實理由，因此擔憂是不必要的，該論文於是得出結論說：為消解擔憂而引進的艾西莫夫定律也是不必要的。這種推理顯然是薄弱的，因為很多科幻作家——比如艾西莫夫——根本就不信宗教，把他們小說裡的想法歸結於宗教傳統是很牽強的。退一步說，即便這種歸結成立，也起不到論證作用，因為宗教傳統雖不是現實理由，卻也並非不能與現實理由兼具——事實上，人類社會的很多現實正是宗教傳統造成的。

但另一方面，推理薄弱不等於結論錯誤。該論文的結論——即艾西莫夫定律是不必要的——倒是不無道理，只不過那道理恐怕需要另行論證。比較容易確認的是，艾西莫夫定律在目前顯然是不必要的，因為目前的機器人既沒有足夠的自主性，也缺乏判斷情勢的能力——比如缺乏判斷「傷害人」的能力，與艾西莫夫定律所要求的複雜性還有很大距離。不過隨著機器人技術的發展及應用領域的拓展，這一點正在改變。前不久，美國加州州立理工大學（California Polytechnic State University）的一位研究者提出的自動汽車——一種不擬人的機器人——在保護車主與撞到別人之間該如何取捨的問題，就顯著接近了艾西莫夫定律所要求的複雜性。不幸的是，這個類似於經典倫理學難題 —— 電車難題（trolley problem）—— 的問題似乎又太複雜了，把第一定律架到了火爐上，機器人是「作為」也不是，「不作為」也不是，恐怕只能聽任自己的「正電子腦」（positronic brain）被燒毀了。

看來，真正的未來 —— 尤其在細節上 —— 往往不是科幻作家所能預見的，艾西莫夫定律在目前還太複雜，對真正的未來則又可能太簡單，從而有可能確實是不必要的。不僅如此，艾西莫夫定律還存在其他一些不易推行的特點：比如對機器人懷有敵意的人能輕易利用第二定律讓機器人自毀；比如前一陣子鬧得沸沸揚揚的美國軍方的無人機（drone）—— 另一種不擬人的機器人 —— 直接違反了第一定律，但只要人類對自相殘殺的「需要」一日未絕，那樣的機器人恐怕非但不會消亡，還會有更多的應用。

不過，無論艾西莫夫定律對於現實世界是否有必要，都不妨礙我們欣賞艾西莫夫那些精彩的機器人故事，並欽佩於他的豐富想像。

地震與網際網路

網路時代讓許多普通人有機會體驗一些在現實社會裡不易獲得的身份 —— 比如「作家」，在現實社會裡曾是讓文學青年們仰視的身份，而在網路時代，只要在網路上發表些文字便可體驗甚至自稱這種身份；比如主持任何層級的機構或組織，在現實社會裡都是需要資格甚至手段的；而在網路時代，只要開一個部落格，你就是「部落客」。

我也有一個這樣的身份，叫做「站長」 —— 因為我建了一個網站。

說起來，我這個身份還算比較「隆重」的，因為比起點幾下滑鼠就能現成得到的部落格來說，我的網站畢竟是親自程式設計，「白手起家」的。相應而言，在當「站長」之初的若干年裡，我對它的心力投入也比較大，每天關注著留言數量、點擊數之類的東西，甚至達到了影響自己心情的熱切程度。

結果有一天，我打開電腦，發現留言和點擊數劇減，我的心情遂大為低落，四處尋找原因，最後得知是聯繫亞洲和北美的海底電纜出了問題，致使我的網站訪問不暢。像這種網際網路暢通與否的問題是科學家和工程師們共同關注的——當然不是為了體諒我這種小蝦米級「站長」的心情，而是因為現代社會在各方面都對網際網路有著極強的依賴性，很多大公司老闆的心情也跟其暢通與否有著密切關係。

能影響網際網路暢通的因素中最不受人類控制的就是天災，其中較常見且波及較廣的天災則是地震。比如 2006 年的臺灣地震就損毀了多處海底電纜；2011 年的日本大地震則損毀了日本電信電話株式會社（NTT）數以千計的設備及數以萬計的線路。讓網際網路能盡可能抵禦地震，也因此成為了科學家和工程師們的努力目標。

這種努力主要展現在兩個方面：一個是局部的，目的是使網際網路的硬體盡可能具備抵禦地震的能力，比如將設備機動化（這比固定設備更容易抵禦或躲避地震），或輔以衛星及無線技術等；另一個則是全域的，目的是使局部的硬體損毀盡量不影響或少影響全域功能。

在後一方面的努力中，傳統的研究是著眼於網際網路的拓撲性質，因為它在很大程度上決定了局部的硬體損毀是否會影響全域。比如網際網路上兩個結點的連接是否會因局部線路的損毀而中斷，就跟它們之間線路的多少有關，線路越多，就越不容易中斷（因為損毀的線路可透過繞道由其他線路彌補）。這種只跟線路的數目有關，而與其長短、形狀等無關的性質就是典型的拓撲性質，研究這種性質的典型數學工具則是拓撲學（topology）和圖論（graph theory）等。

不過最近，日本電信電話株式會社的研究者齋藤洋（Hiroshi Saito）嘗試了一個新的研究角度。齋藤洋認為，僅僅研究網際網路的拓撲性質是不夠的，而必須把像線路的長短、形狀那樣的幾何性質也考慮進去。利用這一新角度，齋藤洋得到了一些以往的研究未能涵蓋的結果。比如他發現：鋸齒形線路的「鋸齒」越小，與地震區域（即地震中破壞力大到一定程度的區域）相交的機率就越小；在環狀線路的內部增加線路並不會減小它們所連接的結點因地震而中斷連接的機率。齋藤洋所採用的數學工具是一個因研究「幾何機率」而興起的分支 —— 積分幾何（integral geometry）。齋藤洋並且進行了一些資料對比，初步驗證了他所得到的結果。

齋藤洋所嘗試的這一新角度是不無意義的，因為網際網路抵禦地震的能力確實並不僅僅取決於拓撲性質，而與像線路的長短、形狀那樣的幾何性質也有密切關係。比如拿前面提到的線路越多，兩個結點的連接就越不容易中斷這一結果來說，它顯然跟線路的長短有關，假如所有線路的長度都遠小於地震區域的大小，那麼所有線路就很可能會一併受影響，由單純拓撲性質所得到的結果也就不再適用了。

當然，齋藤洋的研究還很初步，並還存在顯著的局限性，比如他假定了地震區域是單一區域，並且形狀是「凸起」(convex) 的，這當然是明顯的理想化 —— 因為實際的地震區域由於具體地形的影響，不僅未必是「凸起」的，甚至有可能是由幾塊區域組成的。這些有待進一步研究。另外，網際網路的暢通與否還取決於像流量那樣的非幾何因素 —— 比如兩個結點之間哪怕並非全部線路都中斷（從而理論上仍是連接的），仍有可能因剩餘線路無法承擔流量而癱瘓。這些則超出了齋藤洋的研究範圍。

地震波裡的「隱形衣」

小時候看《西遊記》，對孫悟空的隱身法印象頗深。後來在英國作家威爾斯（H. G. Wells）的小說《隱形人》（The Invisible Man）中看到了對隱身法的具體設想，即透過使自己透明而隱身。不過，那透明倘是如玻璃那樣的話，將會對光線產生複雜的折射，從而起不到完全的隱身作用。再後來，或許是更富科技色彩之故，能讓人隱身的外部裝備——比如隱形衣——受到了青睞，就連《哈利波特》（Harry Potter）那樣的奇幻小說都引進了所謂的隱形斗篷（cloak of invisibility）。

但是，像隱形衣那樣的東西真有可能實現嗎？

要回答這個問題，必須知道我們是如何看到物體的。簡單地說，我們是透過眼睛接收物體發射或反射的光線——確切地講是可見光——而「看」到它們的。由此不難推知，物體隱形的條件是不能發射或反射光線。但僅僅這樣還不夠，因為那樣的物體依然會因阻隔光線而投下影子，並遮擋背後的東西，這同樣會暴露其存在。因此，隱形衣要想實現，必須讓光線毫無反射地繞行，且在繞行之後要如未曾繞行過那樣恢復前行，以便不阻隔光線。

這是相當苛刻的要求，無論天然還是傳統加工的材料都無法滿足。傳統上，光學材料的性質取決於內部分子和外部構造這兩方面的結構，其中內部分子結構決定了折射率等基本參數，外部構造（比如形狀）則決定了對光線的具體影響（比如匯聚、發散等）。在這兩方面中，傳統加工在外部構造方面頗有水準，在內部分子方面的能力卻極為有限，因此有很多東西無法實現，隱形衣就是其中之一。

但是，近年來人們找到了一個新的努力方向：透過在小於光波波長、但比原子、分子大得多的尺度上操控材料結構來改變其性質。這是一個介於上述內部分子與外部構造之間的尺度。對於可見光，這一範圍約為幾十奈米（nm），是今天的奈米技術在一定程度上已能操控的。另一方面，理論和實驗研究均表明，這一尺度上的結構能對光學材料的性質產生巨大影響，由此加工而成的材料被稱為超材料（metamaterial），它在光學中開啟了一個全新領域。在這一領域中，隱形衣的實現變得大有可能了。1996 年，美國杜克大學（Duke University）和倫敦帝國學院（Imperial College）的科學家們在這方面邁出了重要的一步，用超材料製成了一個在特定微波波段具有一定隱形功能的小物件。

但更重要的是，超材料這一概念以及隱形衣這一應用並非只能針對光波，而是對其他波也有一定的適用性。這其中很受關注的一種波是地震波。眾所周知，地震是一種「大規模殺傷性」災害。在地震的巨大破壞力中，地震波乃是重要因素。假如有一種「隱形衣」，能讓建築物在殺氣騰騰的地震波裡「隱形」，那豈不就是一種極好的抗震手段？這個巧妙的想法引起了一些科學家的興趣。與光學隱形衣需要奈米技術不同，地震波的波長是宏觀的，因此針對地震波的「超材料」或「隱形衣」可以透過外部結構 —— 比如在建築物周圍建一些圓柱狀的地下結構 —— 來實現，而且「隱形」也無需很嚴格，只要能將地震波引開即可。

2009 年，英國利物浦大學（University of Liverpool）的科學家用數值方法模擬了地震波裡的「隱形衣」，並得到了正面的結果。2013 年，幾位法國科學家將這類研究由理論及模擬轉為了實驗。他們在一片沖積盆地上實際建造起了針對頻率為 50 赫茲的地震波的「隱形衣」。這「隱形衣」的結構簡單得出人意料，只是以點陣方式排布的一系列直徑約 0.3 公尺、深約 5 公尺的垂直孔洞。為了檢驗「隱形衣」的效果，他們用人工方式產生了頻率為 50 赫茲的地震波，結果發現這種結構確實能阻止地震波接近建築物。

不過，這些結果無論是理論、模擬還是實驗，距離真正地震 —— 尤其是大地震 —— 的考驗還差得太遠。首先是這些「隱形衣」往往只對特定頻率的地震波才最為有效，而真正地震中的地震波頻率是多種多樣的。其次，像上述法國科學家所用的以點陣方式排布的孔洞在真正的大地震中本身就是不堪一擊的東西，這跟光學隱形衣中，隱形衣本身不會被光線所破壞是完全不同的，這些顯然都有待於進一步的研究或改進。

現實與幻想

每個人小時候大概都有過一些關於未來的幻想，小則幻想自己或家庭的未來，大則幻想技術或社會的未來，有的是自發的想像，有的則是為了完成老師安排的作業。

我以前很喜歡表達的一個的觀點是：技術的發展往往比人們的幻想更為迅速。回顧歷史時，我們可以輕易找到那樣的例子，在其中人們對未來的預言或斷言遠遠落後於真實的技術發展，以至於顯得幼稚無知、保守可笑。比如當人們用將近 18,000 個真空管造出了重達 30 噸的第一台通用電腦 ENIAC 後。美國的《通俗機械》（Popular Mechanics）雜誌作出了一個「大膽」預言：未來的電腦也許只需要 1,000 個真空管，重量只有 1.5 噸。而事實上，僅僅十幾年後，真空管就基本退出了電腦舞臺；而半個世紀後，就連重量僅百餘克的掌上型電腦的綜合功能也遠遠超過了昔日的龐然大物。又比如著名物理學家克耳文勳爵（Lord Kelvin）——即那位指出過經典物理學天空中的兩朵「烏雲」的湯姆森（William Thomson）—— 曾在 1895 年宣稱：比空氣重的飛行器是不可能的。而事實上，僅僅 8 年之後，萊特兄弟（Wright brothers）就把飛機送上了天空。還是那位勳爵，又在 1897 年宣稱：無線電通訊沒有未來。而事實上，也是僅僅 8 年之後，無線電通訊就開始在軍事上得到了應用。還有一個常常被提到的例子，是電影業先驅、美國華納公司（Warner Bros. Entertainment, Inc.）的創始人華納（Harry Warner）曾在有聲電影問世前夕嘲笑說：哪個該死的想聽演員講話？他顯然沒有想到，未來會有一批被稱為「追星族」的人，他們最愛的就是聽演員講話。

不過，小時候沒有意識到的是，在有關未來最常見的想像中，沒有實現的其實比已經實現的更多。甚至有不少看起來並無多大革命性的想法，也遠遠超越了技術發展的實際速度。前些天我在網路上讀到一篇有趣的文章，是 40 年前一位名叫貝里（James Berry）的人發表在《機械圖解》（Mechanix Illustrated）雜誌上的，標題是《40 年後的未來》（40 Years in the Future）。那篇文章描述了作者所設想的 2008 年（也就是本文寫作之時的「現在」）的生活。文章的開頭是這樣的 —— 很典型的幻想未來的筆調：

現在是 2008 年 11 月 18 日，星期二早上 8 點。你要

> 去 300 英里外參加一個商務會議。你坐進自己流線型的雙人氣墊車，按下幾個按鈕。國家交通電腦按照目的地計算出了當前的交通狀況，然後示意你的車子開出車庫。車子是無人駕駛的，你靠在座椅上開始閱讀閃現在儀錶盤上方平面螢幕上的晨報……

這樣的車子對於讀者們也並不陌生。1961 年，著名科幻作家葉永烈在他的《小靈通漫遊未來》（該書直到 1978 年才出版）中描述的「飄行車」就類似於貝里筆下的氣墊車。早年的兒童科幻往往是以 21 世紀為幻想時空的，因此《小靈通漫遊未來》所描述的也恰好就是「40 年後的未來」。

現在 2001 年（21 世紀的第一年）早已成為過去，貝里暢想的 2008 年也已變成進行時，但氣墊車卻並未普及，而且近期內也看不到普及的前景。同樣，貝里暢想的很多其他技術 —— 那些我們小時候就常常在雜誌或廣告上看到的技術，比如在真空管道內依靠壓縮空氣推進的高速火車，載客 200 人的火箭等 —— 也並無在近期內成為現實的可能性。貝里設想的時速 4,000 英里的超音速客機算是離現實較近的，可終究還是超出了一大截 —— 現實是人們曾經建造過一種超音速客機（雖然時速遠沒有 4,000 英里）：協和號（Concorde），但它卻在營運 27 年後黯然退出了商業營運。其他一些人們設想已久的技術，比如機器人，雖已經有過長時間的發展，卻還停留在相當原始的狀態下，只會蹣跚學步，說幾句事先擬定的「你好」、「歡迎」之類的短語，完全不能與那些有一定思維能力，幾可亂真的科幻故事中的機器人 —— 比如 30 年前曾上映的美國電影《未來世界》中的機器人 —— 相提並論。

這些技術的發展為什麼會遠遠落後於人們對未來的暢想呢？一個重要的原因當然是由於誰也不可能擺脫時間的羈絆，從而誰也不可能真的看到未來。未來的技術會如何發展？在發展中會遇到何種困難？這些是誰也無法確知，並且也很少有人會在幻想未來時細緻設想的。因此幻想歸根到底只是粗略的猜測，而且往往是羅曼蒂克式的猜測，猜錯了很正常，猜快或猜慢了都不足為奇。另一方面，有些設想單純從技術上講是可以實現的，從而並不超前，但在現實世界中卻受制於一些其他因素而無法成功，或無法普及。比如貝里設想的氣墊車的時速約為 250 英里（約合 400 公里），單以速度而論，無論作為氣墊車還是靠輪子驅動的普通汽車，在今天的技術條件下都是能做到的。事實上，早在 1935 年，著名的「藍鳥」(Blue Bird) 賽車就已創下了時速 301 英里（約合 500 公里）的紀錄。但普通汽車的速度卻從未與那樣的極限車速發生過關係 —— 事實上，由於道路系統飽和，需頻繁轉彎，駕車者的應變能力有限，高速致使耗能劇增等等因素的制約，車速在普通汽車的性能指標中早已不再重要，因為幾乎每款汽車的設計速度都已明顯高於多數高速公路的速度上限。除非有一天人們能系統性地解決那些其他方面的問題，否則普通汽車與貝里筆下的氣墊車在車速上的巨大差距將很難有顯著縮小的可能。

在所有有關未來的技術暢想中，超前的最典型恐怕要算航太技術了。貝里在他的想像中提到，2008 年人們的度假方式之一是到衛星旅館去住一住。這倒是今天的技術能夠做到的，只不過在今天這可不是普通人所能嘗試的，首先你得買得起幾千萬美元的往返票，其次還得看有沒有國家願意賣票。與其他作者相比，貝里在航太技術方面的設想算是相當保守的。前不久剛剛去世的英國科幻作家克拉克（Arthur C. Clarke）在與貝里的文章同一年發表的名著《2001 太空漫遊》(2001: A Space Odyssey) 中，描述了一艘飛往土星的載人太空船。而已故科幻小說家鄭文光的《飛向人馬座》更是描述了發射時高達 800 公尺，最寬處直徑 100 公尺，極限速度達每秒 40,000 公里的巨型飛船。《2001 太空漫遊》的時代背景是2001 年，《飛向人馬座》因涉及假想的中蘇戰爭，作者回避了年代，但最有可能的年代背景也是 21 世紀初。在其他科幻小說中，人類在 21 世紀初就在很多行星及衛星上建立基地，並頻繁往來於那些基地的故事也比比皆是。那些小說共同勾勒出了一幅令人神往的宇宙開發藍圖，是我小時候的最愛。

那些小說的創作，有很多是正好處在人類進入宇航時代之初的那些年。現在回顧起來，在那些年裡，人們的確有充分的理由對航太技術的未來充滿樂觀。人類僅用了短短 12 年的時間，就完成了從發射第一顆人造地球衛星到把太空員送上月球的巨大飛躍。這樣快速的進展，至今還讓人覺得匪夷所思。1970、1980 年代，人類又建立了重達 100 多噸的太空實驗室，向太陽系各大行星發射了無人探測器，並研製了太空梭。這一系列成就撥動著所有人的心弦。那時的人們在幻想未來時，又怎能不把想像的翅膀張得大大的呢？可自那以後，人類探索太空的步伐明顯減緩。雖然航太技術的發展並未停滯，但像早年那種里程碑式的進展變得越來越少。21

世紀早已到來，但航太技術與幾十年前人們在科幻小說中的想像相比，有著巨大的差距。這種差距的背後，是科幻小說家們在羅曼蒂克的故事中很少考慮的一些現實原因。

2004 年 1 月 14 日，時任美國總統的布希（George W. Bush）提出了一個雄心勃勃的「太空探索遠景」（New Vision for Space Exploration），表示要讓太空人重返月球，並實現載人火星探索。這一方案提出後不久，著名美國物理學家、諾貝爾物理學獎得主溫伯格（Steven Weinberg）發表了一篇文章，標題為《錯誤的東西》（The Wrong Stuff），對該方案提出了尖刻批評。在那篇文章中，溫伯格提出了一些發人深省的觀點。我印象最深的是，他提到在美國太空梭「哥倫比亞號」（Columbia）墜毀之後，他特意了解了一下太空梭上的太空人所從事的實驗專案，結果很難過地發現，那大都是一些中學生水準的東西。溫伯格認為，人們迄今得到的所有有價值的航太科研成果，幾乎全都可以透過無人探測器或無人飛船來完成，載人航太是完全不必要，並且是完全得不償失的。至於「太空探索遠景」中的重頭戲：載人火星探索，溫伯格的評論是，耗資相當於幾千個無人探測器的載人火星計畫，如果只是讓太空人在火星上「插一面國旗，看幾塊石頭，打幾杆高爾夫球」，那麼當人類首次登上火星的巨大光環消失後，真正留給世人的將是深深的失落。而這種失落 —— 溫伯格認為 —— 是當年的阿波羅計畫（Apollo program）就曾帶給過人們的。

溫伯格發表那篇文章當然有他自己的意圖。作為一位物理學家，他非常希望美國能把科研經費更多地投入到對科學發展有直接助益的項目中去，而不要去追求耗資巨大卻華而不實的載人航太計畫，這在他的文章中表露得非常清楚。他的這種興趣當然不可能是所有人都認同的，但他提到的載人航太耗資巨大，卻絕不可能產生與之相稱的實質成果的問題卻是客觀存在的，而且必將對航太科學的未來產生重大影響。他的聲音也許不會被理會，人們也許會為追求單純的震撼性去做載人登陸火星那樣的事情，但即便那樣做了，其結果也有可能只是像昔日的阿波羅登月一樣曇花一現。像載人登陸火星那樣投入與產出不成比例的事情，在這個本質上是商業化的社會裡，是很難僅憑浪漫情懷就能持續做下去的。這是現實與幻想的巨大差別，也是我們之所以在某些方面遠遠落後於幻想的又一個重要原因。

第二部分　創新點滴

第三部分

數位時代

竹筏還是燈塔 —— 資料洪流中的科學方法

資訊爆炸的時代

我最喜愛的作家之一是美國科幻及科普作家艾西莫夫（Isaac Asimov），他一生出版過約 500 本書 —— 恐怕比我一生將會發表的文章數還多。我念中學時曾讀過他的很多書，其中有一本叫作《數的趣談》[8]，而那其中有篇文章叫做《忘掉它！》（Forget It!），我到現在還沒忘掉。

艾西莫夫在那篇文章的開頭引用了一本生物教科書的前言片段，大意是說我們的科學知識每隔一代就會增加幾倍，以生物學為例，2000 年的知識將是 1900 年的 100 倍。那段話讓艾西莫夫深感不安，甚至感到「世界好像在我身邊崩潰

8　該書的英文名為《Asimov on Numbers》，確切譯名應該是《艾西莫夫論數》，它彙集了艾西莫夫撰寫的 17 篇科學專欄文章。

了」。為什麼呢？因為在艾西莫夫看來，像他這樣快速寫作的科普作家，幾乎是在職業性地追逐科學的發展，可在一個資訊爆炸的時代裡，他有可能追得上潮流嗎？

艾西莫夫在那篇文章中為自己的問題找到了答案。不過，我們先不去看他的答案。艾西莫夫那篇文章發表於 1964 年，在那之前的 1961 年，「資訊爆炸」（information explosion）這一用語首次出現在了 IBM 公司的一則廣告中。自那以後，資訊爆炸一直撥動著人們的心弦。也許很多人都會產生與艾西莫夫同樣的擔憂：在一個資訊爆炸的時代裡，我有可能追得上潮流嗎？

如果我們把艾西莫夫時代的資訊爆炸比作常規爆炸，那麼由網際網路及資訊數位化所帶來的當代資訊爆炸恐怕就是核爆炸了。因為常規的資訊爆炸只是書本知識的爆炸，而能在書本上占據一席之地的人畢竟是不多的。但網際網路時代幾乎讓每個人都擁有了發布資訊的能力，由此帶來的資訊爆炸無疑要驚人得多。據一家美國研究機構統計[9]，截至 2007

9 這家公司是國際資料公司（International Data Corporation，IDC），該統計報告發布於 2008 年 3 月，標題為 The Diverse and Exploding Digital Universe。

年，人類擁有的數位化資訊 —— 文字和音像都算在內 —— 約有 225,000 億億位元組（2.25×10^{21}byte），約合 15,000 億億個漢字，而且這一數字幾乎每隔 5 年就增加一個數量級。在這些資訊中，約 70% 是個人創造的。以時下最流行的某部落格來說，其數量在過去幾年裡幾乎每 6 個月就翻一番。到 2008 年底，開設某部落格者就超過了 1.6 億人[10]。

Google 的新思路

資訊爆炸 —— 尤其是網際網路上的資訊爆炸 —— 帶來了一系列深刻的社會變化，也吸引了越來越多的人對資訊爆炸的前景進行著思考。不過與艾西莫夫當年那種憂慮性的思考不同，當代的思考者中有很多人全心地擁抱著這個資訊爆炸的新時代，且對其前景作出了與前人截然不同的設想。2008 年 6 月，美國的一位技術雜誌的主編發表了一篇標新立異的文章，題目為《理論的終結：資料洪流讓科學方法過時》（The End of Theory: The Data Deluge Makes the

10 該資料來自中國互聯網路資訊中心（CNNIC）2009 年初發布的第 23 次互聯網報告。

Scientific Method Obsolete)。

這份雜誌名為《連線》(Wired),是一份以探討技術影響力為主題的雜誌,創刊於 1993 年,訂閱人數在 50 萬~100 萬之間。而撰寫那篇文章的主編名叫安德森(Chris Anderson),是一位經驗豐富的傳媒人士,曾在《自然》(Nature)、《科學》(Science)及《經濟學家》(The Economist)等著名刊物任職。安德森擔任主編期間,《連線》雜誌曾多次獲獎,而安德森本人也在 2005 年獲得過一項年度最佳主編獎。

安德森這篇文章的觀點標新立異不說,就連標題也相當駭人聽聞,不僅預言科學理論將會終結,而且宣稱科學方法將會過時。他的這一奇異想法從何而來呢?我們來簡單介紹一下他那篇文章的思路。安德森的文章以著名統計學家博克斯(George Box)的一句引文作為開篇,那句引文是:「所有模型都是錯誤的,但有些是有用的(all models are wrong but some are useful)。」安德森提出,雖然人們長期以來一直在用模型——比如宇宙學模型——來解釋現象,但最近這些年裡,像 Google(Google)那樣紮根於資訊時代最前沿的公司已經採用了新的思路。

安德森舉了 Google 翻譯及 Google 廣告作為例子。我們知道，常規的機器翻譯是經過一系列靜態的規則 —— 比如字典及語法規則 —— 來把握文章的內容。但 Google 翻譯另闢蹊徑，借助數以億計來自不同語言的語句之間的統計關聯來做翻譯。這種翻譯的最大特點是無需知道被翻譯文字的含義，而只關心兩種語言之間的統計關聯。類似地，使 Google 獲得巨大利潤的 Google 廣告 —— 那些當你搜尋東西時出現在結果右側的小廣告 —— 也是建立在統計關聯之上的。Google 既不在乎你搜尋的東西的含義，也不關心它所顯示的廣告是什麼，它之所以列出那些廣告，完全是因為統計關聯表明它們與你搜尋的東西有關。

Google 這種全面依賴統計分析的新思路幾乎展現在它的所有產品之中。據說 Google 的研究主管諾維格（Peter Norvig）曾在 2008 年 3 月的一次技術會議上，將安德森文章開頭所引的博克斯的話改成了「所有模型都是錯誤的，沒有它們你也能日益成功」。Google 這種新思路給了安德森很大的啟發。他做出了一個大膽的預測：Google 的新思路不僅適用於商業，而且會越來越多地滲透到科學上，並如他文章標題所說的那樣，最終取代現有的科學方法。在他看來，科學才是這種新思路的「大目標」(big target)。

我們知道，科學研究的常規模式是從實驗資料或觀測資料中提出假設、模型或理論，然後用新的實驗或觀測來檢驗它們。安德森認為這種模式在資訊時代的資料洪流中將會過時，今後人們只需像 Google 那樣直接從大量資料的統計關聯中得出結論就行了。用他的話說：「關聯就已足夠，我們可以停止尋找模型。」按照安德森的設想，我們只需將大量資料扔進巨型電腦，讓它運用統計演算法去發現那些科學無法發現的關聯。那些關聯將取代因果關係，科學將擺脫模型和理論而繼續前進。

如果安德森的設想成為現實，那麼不僅今天的科學方法將成為歷史，甚至連科學家 —— 起碼是理論科學家 —— 這個職業也很可能會不復存在，因為我們所需要的將只是能建造和維護電腦的技術人員，以及懂得統計學原理的程式設計人員，我們將再也不需要理論。這樣的前景對科學家來說無疑是陌生的，但安德森認為這是資訊時代帶給我們的一種認識世界的全新方法，它展示了巨大的機會，科學家們不應墨守傳統的科學方法，而應該自問：科學能從 Google 中學到什麼？

安德森對科學理論及科學方法的全面唱衰所具有的爭議性是顯而易見的。他的文章一經發表，立刻遭到了很多人的批評，有人甚至遷怒於《連線》雜誌。（誰讓安德森是主編呢？）比如卡內基梅隆大學（Carnegie Mellon University）的一位助理教授在看過安德森的文章後，把自己前不久接受《連線》雜誌的採訪稱為是一個錯誤，而且是在試圖打發「等候室時間」（waiting-room time）時所犯的錯誤，言下之意，哪怕是在等候室裡無所事事的時候，也不值得為《連線》雜誌浪費時間。有意思的是，這位助理教授原本是物理學博士，目前則在統計系工作，如果安德森的觀點能夠成立，他的前景其實倒是光明的。

當然，對更多的人來說，安德森的觀點不過是一家之言，贊成也好，反對也罷，都可以平心靜氣地進行分析。我們感興趣的問題是：安德森的觀點到底能不能成立？或者最低限度說，它有道理嗎？在本文接下來的篇幅裡，我們就來稍稍分析一下。如我們在前面所介紹的，安德森的立論在很大程度上借鑑了 Google 翻譯及 Google 廣告的思路，從某種意義上講，他將這些 Google 技術當成了未來科學研究的範例。既然如此，就讓我們先以 Google 翻譯為例考察一下，看它是否有可能承接安德森賦予它們的重任。

統計方法與高級密碼

考察 Google 翻譯的最佳辦法當然是檢驗它的翻譯效果。我們隨便舉幾個例子。其中最簡單的例子是翻譯安德森這篇文章的標題「理論的終結：資料洪流讓科學方法過時」，Google 翻譯給出的英譯中結果是「理論的終結：資料洪水滔天使廢棄的科學方法」。這個例子雖然簡單，卻很清楚地展現了 Google 翻譯的特點及缺陷。如我們在上文中所說，Google 翻譯的特點是以統計關聯而非語法為基礎，上述譯文的不通順很清楚地顯示了這一特點帶來的缺陷。

Google 翻譯的這種缺陷在更長的句子中顯得更為清楚，比如牛頓（Isaac Newton）的那段名言：

> 我不知道我在別人眼裡是怎樣的，但對我自己來說我只不過像是一個在海邊玩耍的男孩，因為時不時地找到一塊比平常更光滑的卵石或更漂亮的貝殼而興奮，卻全然沒有發現展現在我面前的偉大的真理海洋。

用 Google 翻譯給出的英譯中結果：[11]

> 我不知道我可能會出現的世界，而是為了自己，我似乎已經不僅就像一個男孩玩海上岸上，和挪用自己現在然後找到平滑卵石或比普通漂亮外殼，而大洋的真相躺在我面前的所有未被發現。

要看懂這種比繞口令還拗口的翻譯是需要毅力的。Google 翻譯能作為未來科學研究的範例嗎？答案應該是不言而喻的。

安德森所舉的 Google 技術的另一個例子，即 Google 廣告，也具有非常顯著的缺陷，事實上，利用 Google 廣告乃至整個 Google 系統的缺陷來提升自己網站的廣告效果早已是網際網路上公開的秘密。Google 技術當然不無優越之處，

11　是這段話的英文是：I do not know what I may appear to the world, but to myself I seem to have been only like a boy playing on the sea-shore, and diverting myself in now and then finding a smoother pebble or a prettier shell than ordinary, whilst the great ocean of truth lay all undiscovered before me。需要提醒讀者的是，不同時候使用 Google 翻譯得到的結果會有一定的差異，這裡引述的是寫作本文時使用 Google 翻譯得到的結果。

比如它具有所謂的統計學習（statistical learning）功能（細心的網友會注意到，不同時候用 Google 做同樣的事情得到的結果通常會有一定的差異），但這種純粹建立在統計關聯之上的結果具有無可避免的模糊性，這種模糊性雖不足以妨礙商業上的成功，但它與科學理論之間的差距是巨大的，並且是本質性的。

如果我們稍稍深入地思考一下，就會發現 Google 的思路人們在其他場合也曾用過。舉個例子來說，密碼學中有一種簡單的密碼叫做替換式密碼（substitution cipher），它是透過對字母或其他文字單元進行置換來達到加密的目的。破譯這種密碼的主要途徑就是統計分析。比如在英文中字母 e 是出現頻率最高的，假如我們截獲了一份經過字母置換加密的檔，我們就可以對檔中各符號的使用頻率進行統計，其中使用頻率最高的符號就很可能代表字母 e。對其他字母也可如法炮製，這種方法類似於 Google 翻譯。但密碼學上的經驗告訴我們，單純使用統計方法是很難完全破譯一份密碼的，通常你會碰對一些字母或單字，就像 Google 翻譯會碰對一些詞語一樣，但完整的破譯往往需要輔以更仔細的分析和微調。更重要的是，這種方法只能破譯像置換密碼那樣初級的密碼，對於更複雜的密碼則完全無能為力。

科學家們對自然規律的研究在一定程度上好比是在破譯大自然的密碼，但這種密碼顯然不像置換密碼那樣簡單，因而絕不可能透過單純的統計分析來破譯。累積足夠多有關行星運動的資料，我們也許能發現克卜勒定律，但無論累積多少資料，我們也不可能依靠單純的統計分析得到像愛因斯坦的廣義相對論那樣的理論。事實上，單純的統計分析至多能夠知其然，卻無法知其所以然，它甚至不能告訴我們行星的運動是不是因為一個看不見的精靈在推動。科學是一項需要高度創造力的工作，科學上的很多成果，僅憑實驗資料、發達的電腦和統計分析是永遠也得不到的，這就好比用破譯置換密碼的方法永遠也破譯不了更高級的密碼。

資料洪流中的燈塔

Google 新思路的另一個問題，是不可避免地受到大量無效資訊的干擾。這一點想必每位網友都有自己的切身體會，網際網路既是資訊庫，也是垃圾場，資料洪流必然攜帶泥沙。怎麼辦呢？讓我們回過頭來看看本文開頭提到過的艾西莫夫為自己對資訊時代的擔憂找到的答案。那答案就是他那篇文章的標題：忘掉它！忘掉什麼呢？忘掉那些無效資訊。這位智商高達 160 的著名作家認為，只要我們能足夠有效地忘掉所有的無效資訊，資訊爆炸就遠沒有人們想像得那樣可怕。

如果資料洪流真的如安德森設想的那樣成為未來科學研究的主戰場，那麼對未來的研究者來說至關重要的一點就是艾西莫夫所說的忘掉無效資訊，或者說去除數據洪流中的泥沙。要想做到這一點，首先要能辨別無效資訊，而這種辨別離不開模型或理論，甚至它本身就有可能是一種模型或理論。如果未來的科學研究真的摒棄了模型或理論，而只關心資料之間的關聯，那它在泥沙俱下的資料洪流中不僅會遇到 Google 翻譯與 Google 廣告已經遇到過的問題，甚至還可能產生出一些荒謬的結果，比如像很多偽科學人士所熱衷的那樣把金字塔的高度（曾經為 147 公尺）與日地距離（1.49 億公里）聯繫起來，把金字塔的底邊周長（36,560 英寸）與一年的天數（365.2 天）聯繫在一起。這種純粹的數值巧合在科學研究單純依賴於資料分析的情形下將能夠輕易地登堂入室，混淆於科學成果之中。

我們曾經提到，安德森在文章開頭引用了博克斯的話：「所有模型都是錯誤的，但有些是有用的」，他引用這句話顯然是要為自己的觀點作註解。可惜他張冠李戴了，博克斯是一位統計學家，他所說的模型並非泛指科學理論或科學模型，而是特指統計模型。因此博克斯的話與其說是能為安德森的觀點作註解，不如說恰恰是拆了他的台。

不過另一方面，統計分析雖絕不可能如安德森預言的那樣一統天下，取代科學方法，但它作為科學方法的一種，在過去、現在及將來都將發揮積極的作用，這一點是任何人也否認不了的。正如博克斯的後半句話所說的：有些模型是有用的。在資料總量空前膨脹的資訊時代，統計分析的作用有可能得到局部的加強；在某些理論性不很強的領域中，它甚至有可能成為主要方法，從這些意義上講，安德森的觀點雖失之偏頗，卻並非完全脫靶。不過我們可以肯定的是，面對滾滾而來的數位洪流，科學方法絕不是即將被沖離視野的竹筏，相反，它是幫助我們在洪流中辨明方向，看清未來的燈塔。

《憤怒鳥》飛進課堂

自 2009 年底起，一款名為《憤怒鳥》（Angry Birds）的手機遊戲以極快的速度風靡了起來，在不到兩年的時間裡就被下載了超過 5 億次，還出現了大量的「山寨版」，每天耗費世界各地玩家們的時間累計超過了幾百萬小時。在如今的捷運和公車上，倘若聽到幾聲怪怪的鳥叫，你不必詫異，那只不過是有人在玩《憤怒鳥》。

《憤怒鳥》是一款極易上手的遊戲，它的玩法很簡單，就是用彈弓（sling shot）發射小鳥，去攻擊靶子 —— 幾隻胖得像肉球似的小豬。那些小豬大都躲在「掩體」裡，有的還帶著「安全帽」，不過小鳥們也不含糊，很多都有絕活，有的會「分身術」，有的會扔炸彈（鳥蛋？）。據說《憤怒鳥》研發之初，恰好是「H1N1 新型流感」（swine flu）肆虐之時，於是可憐的小豬被選為了靶子，遭到數億玩家的「痛扁」。

《憤怒鳥》給商人帶來了滾滾利潤，給玩家帶來了休閒快樂，卻也讓一些學生家長感到憂慮，甚至變成「憤怒的家長」。不過，美國東南路易斯安那大學（Southeastern Louisiana University）物理系的副教授艾倫（Rhett

Allain）卻獨闢蹊徑，撰寫了一系列文章，對《憤怒鳥》背後的物理學展開了研究，將這款遊戲引向了益智。

就像真正的科學研究一樣，艾倫的研究是從收集資料入手的。他不僅從網際網路上找來了一些遊戲錄影，也親自記錄了一些「小鳥」的飛行資料，以及目標遭撞後的情形。經過對資料的分析，他有了一些有趣的發現。比如他發現小鳥的飛行是恆定重力場中的自由拋體運動（當然，這正是玩家所預期的，因為這樣才可以把小時候扔石頭的經驗用到這款遊戲上）；如果假定那重力場就是地球表面的重力場，那麼遊戲中的各種長度也可以被確定下來，比如那彈弓的高度約為 5 公尺，紅色小鳥的高度約為 70 公分（是小鳥還是鴕鳥？難怪能把豬砸死），而該遊戲「情人節版」（Valentine's Day Edition）中那只在空中飄動的小豬其實是懸掛在一根長約 30 公尺的透明絲線下自由擺動著。除這些標準的物理學外，艾倫還發現了一些非現實的「物理學」，比如遊戲中那種能在空中一分為三的藍色小鳥在分裂後的總質量是原先的 30 倍！

艾倫的研究十分簡單，而且很接近中學物理實驗課的做法。受他啟發，美國亞特蘭大（Atlanta）市某私立中學的一位名叫伯克（John Burk）的物理教師乾脆將《憤怒鳥》引進了課堂，讓學生們研究《憤怒鳥》世界裡的物理學。對於學生來說，那樣的研究除了有趣之外，還有一個很有魅力的特點，那就是有一種探索未知的感覺。普通的中學物理實驗大都是重複無數前人早就做過的東西，結果也是已知的，而《憤怒鳥》世界裡的物理學對絕大多數人來說卻是未知的。那樣的研究也因此有一種普通實驗課上找不到的探索未知的感覺。用伯克的話說，那樣的研究使他的學生「獲得一次當科學家的機會，成為最早發現答案的人之一」。而更重要的是，無論《憤怒鳥》世界裡的具體規律是怎樣的，探索的方法都是科學方法，而且那些規律越是未知，就越能引導學生採用科學方法，因為在那樣的規律面前，連湊答案的便利都不存在了。有句古話，叫做「授人以魚不如授人以漁」，課堂也是如此，向學生傳授科學知識固然要緊，讓他們掌握科學方法卻更重要。正是這一點，是艾倫與伯克讓《憤怒鳥》飛進課堂、寓教於樂的最大價值。

其實，除了艾倫與伯克的做法外，還有一條思路可以引導一部分玩家從《憤怒鳥》中得到物理教育方面的啟示，那就是編寫那樣一款遊戲本身也離不開物理。事實上，遊戲中小鳥的飛行以及各種各樣的撞擊，都是由一個物理類比程式決定的。在這個程式所類比的規律之中，就有艾倫他們所發現的那些。而這個程式的開發者對使用者的忠告則是：「你應該有一些關於剛體、力、力矩和衝量的基礎知識。」因此，讀者諸君若也想有朝一日編寫像《憤怒鳥》那樣的遊戲（這可不是白日夢，很多遊戲開發者的職業生涯正是從玩家開始的），也得多學學小鳥背後的物理。

消失的「推文」

大多數人都不是發明家，但一個好發明的妙處卻往往是大多數人都能理解的。畢竟，理解一個好發明與實現一個好發明相比，實在容易太多了。不過，有一個好發明卻讓我時常感慨自己的落伍，因為在它早已風靡世界之後，我仍遲遲未能理解它的妙處，也不太明白它究竟有何魔力，能夠如此風靡世界。

那個好發明就是微網誌，其世界性的代表網站是推特（twitter）。

自 2006 年 7 月問世之後，推特在短短幾年間就擁有了數以億計的使用者，每天發表的「推文」（tweet）總數也高達數億。而這一切背後最獨特的創意乃是對「推文」長度的一個 140 字元的限制。這樣一個任何人想做就隨時能自行做到的限制（即只發 140 字以內的短文），一經強制居然促成了網際網路時代的一個新奇蹟，實在很出乎我的意料。

推特最初是作為一種社交網站出現的，但異乎尋常的流行使它很快具有了其他意義上的重要性。比如「推文」的數量越來越多地被視為了社會事件中的風向球；在某些特殊事件中，推特甚至發揮了左右事態發展的作用，頗令人刮目相看。不過更令人刮目相看的則是 2012 年 3 月，美國加州大學（University of California）的一些研究者在對大量「推文」進行研究之後，提出的一個一鳴驚人的觀點，那就是「推文」中的很多資訊，比如與上市公司有關的資訊，可以被用來預測股票的價值與交易量，而且預測的結果比經濟模型更準（讓搞經濟的人情何以堪啊）！

也許是被這些如幻似真的重要性所吸引，2012 年 9 月，美國老道明大學（Old Dominion University）的兩位研究者選擇了一個不同的角度——即「推文」的消失——入手，對推特展開了新的研究。他們收集分析了與近年發生的幾樁轟動事件——比如「豬流感」的暴發、麥可·傑克森（Michael Jackson）的猝死，以及若干社會事件——有關的大量「推文」的去向，結果發現雖然距離事件的發生並不遙遠，相當比例的「推文」卻已經消失了，成為網際網路上的「失效連結」（deadlink）。他們的研究還發現，「推文」的消失數量基本上與時間成正比，長期地講大約每天有 0.02%

(或每年有 7% ～ 8%) 的「推文」消失。

鑑於推特的巨大影響力，一些媒體在報導這一研究時，特意突出了「歷史」這一概念，即我們正在失去由推特所記錄的歷史。對於喜歡懷舊的人來說，這無疑是一個令人傷感的結論。不過細想一下，情況似乎又並非如此簡單。事實上，正如幾年前的我未能理解推特這一發明的妙處，今天的我則未能看出具體的「推文」有什麼重要性。在我看來，推特的重要性在於由無數「推文」組成的群體，而不在於個體。任何具體「推文」的消失從歷史的角度看非但不值得惋惜，反而很可能是一種健康甚至必不可少的自然淘汰過程。常常使用搜尋引擎的讀者也許都有這樣的經驗，那就是一條網際網路上的資訊哪怕已經很老了，哪怕發布該資訊的原始網站早已煙消雲散了，只要資訊本身重要，是不必擔心搜不出來的。因為在網際網路上，資訊的重要性有一個很自然的衡量指標，那就是轉載度。一條重要資訊必然會有大量的轉載，那樣的資訊是很難徹底消失的。更何況，重要資訊還往往有大同小異的版本，甚至時常會有人收集和研究。從某種意義上講，網際網路時代之所以能成就推特那樣的奇蹟，推特之所以能在社會事件中扮演日益突出的作用，正是因為網際網路使轉載資訊變得前所未有的容易，而重要資訊的消失——無論是自然消失還是人為銷毀——則變得前所未有的困難。反過來說，一條資訊倘若真的消失了，尤其是自然消失了，那它很可能並不是什麼值得保存的歷史，而是拙作《竹筏還是燈塔——資料洪流中的科學方法》中提到的那些應該被忘掉的數字洪流中的「泥沙」。[12]

因此，「推文」——或其他微網誌短文——確實是在不斷地消失，但我們不必擔心歷史會湮沒。因為在它們消失的過程中，有價值的歷史非但不會湮沒，反而會因「泥沙」的退去而呈現出鉛華洗盡般的明晰。

12　《竹筏還是燈塔——資料洪流中的科學方法》一文已收錄於本書。

閒話數位遺產

我有時喜歡胡思亂想，而且不介意想像一些不吉利的事情——比如自己的死亡。跟這個時代的許多其他人一樣，我的人生軌跡是有一部分存在於數位世界裡的：我有一個小小的網站，也有一些時常造訪的網友。有時我會想：假如哪天我突然死了，我的網站會怎樣？當然，除了單純的好奇外，這種想像並無其他內涵。雖然數位世界寄託了我的不少情感，但我始終沒覺得有什麼值得在我死後予以保留的。

不過，並非所有人都是這樣看待自己或親屬在數位世界裡的軌跡的。2005 年，一名陣亡美國海軍陸戰隊士兵的親屬為了獲取死者的電子郵件，將郵件服務商雅虎（Yahoo）告上了法庭。隨著數位世界變得日益重要，此類官司今後也許會越來越多。所涉及的除電子郵件外，還有社交網站的資料，以及儲存在網際網路上的私人相片等。一旦擁有者去世，這些東西就變成了所謂的數位遺產（digital legacy）。

如果說上述數位遺產只具有紀念意義，那麼數位化的商業合約、房契、銀行帳戶、PayPal 等可就是不折不扣的財產了。此外諸如網路遊戲道具、比特幣、數位音樂等可以折算成金錢的東西，也可以算作真正的財產。

事實上，就連那些只具有紀念意義的數位遺產，如果是屬於名人的話，也很可能具有金錢意義上的價值。如今的名人也像普通人一樣，越來越少留下傳統形式的信件、日記和相片，取而代之的是儲存在電子郵箱、部落格和電子相簿裡的種種資訊。當這些資訊變為數位遺產時，它們不僅具有歷史價值，還很可能會像傳統名人用品一樣，具有金錢意義上的價值。

所有這些，都使得數位遺產越來越成為話題，並且也隱藏著不小的商機。一些公司不失時機地推出了替使用者打理數位遺產的服務，這種服務會每隔一段時間以電子郵件等方式確認使用者是否健在，如果連續幾次確認失敗，它就會向使用者指定的數位遺產繼承人轉交繼承數位遺產所需的資訊。這種服務的收費約為每年幾十美元，剛推出時頗引起過媒體的興趣。只不過，網際網路上的多數公司是出了名的短命，很可能比客戶本人死得更快，這種服務就算不是有意呼攏，其可靠性也是值得懷疑的。另一方面，就像普通遺產會吸引偷盜者一樣，數位盜墓這一行業也有興起之勢，一些駭客開始將目光瞄準數位遺產，以謀求自己的發財致富。

數位遺產成為話題的另一個重要原因，則在很大程度上是因為它目前還處於法律的灰色地帶中。一方面，它的地位正在日益接近普通遺產；另一方面，它的繼承權在絕大多數國家和地區都尚無法律規定，而有賴於各公司的服務條款。令人頭疼的是，各公司的服務條款往往各不相同：比如「臉書」（Facebook）允許將死者帳戶變為紀念頁面；Google 郵箱（Gmail）能以光碟形式提供死者郵件；「推特」（Twitter）會將死者帳號一刪了之；很多其他公司則要嘛沒有明確的服務條款，要嘛不允許數位遺產的繼承。不僅如此，各公司所接受的用戶死亡的證明文件也往往各不相同，給數位遺產的繼承帶來進一步的不便。

不過，隨著數位遺產重要性的提升，針對數位遺產的立法已開始走上軌道。以美國為例，2010 年，奧克拉荷馬州（Oklahoma）通過了針對數位遺產的法案；2011 年，愛達荷州（Idaho）也通過了類似法案；康乃狄克（Connecticut）、羅德島（Rhode Island）、印第安那（Indiana）等州則技巧性地偷懶，用已有的法律涵蓋了一部分數位遺產。前不久，內布拉斯加州（Nebraska）也不甘落後，開始討論針對數位遺產的提案，對更具統一性的數位遺產立法的研究也正在進行之中。與此同步，很多律師在接受遺囑委託時，也開始建議將數位遺產列入內容。

但是，那些擬議中的或已通過的法律真能解決數位遺產方面的問題嗎？答案有可能是否定的。誠然，法律的地位要高於公司的服務條款，從而具有仲裁能力。但這仲裁能力往往局限於單一國家，而網際網路的「互聯」性卻使得數位遺產問題往往會越出單一國家的範圍，比如一個人的數位遺產有可能掌握在另一個國家的服務商手裡。當一個國家的法律與另一個國家的公司的服務條款發生衝突時，仲裁就不那麼容易了。因此，我們距離徹底解決數位遺產問題還有很長的路要走。

從塗鴉到擴增實境

我剛到紐約時，對建築物上的「塗鴉」(graffiti) 頗感新奇，它們的內容從單純的亂塗亂抹到頗具藝術水準的畫像不一而足。後來我知道，塗鴉在很多其他城市及其他國家也很常見。在多數情況下，塗鴉乃是塗鴉者的自我表現，與所塗的建築物或周圍環境並無關聯。不過，一百多年前美國的一些外出找零工的遊民 (hobo) 卻時常用塗鴉來做一件不同的事情 —— 向同伴傳遞有用資訊：比如哪家的主人比較和善，哪家的院裡養著惡犬等等。

那些遊民也許沒有想到，他們賦予塗鴉的資訊功能會在一百多年後的數位世界裡以一種全新的形式獲得重生，成為所謂的「擴增實境」(augmented reality)。

擴增實境是一種新興技術，其主要功能是將數位化資訊疊加在現實世界上，像當年流浪者的塗鴉那樣，為使用者提供指南。比如當你來到一個陌生的街區時，擴增實境技術有可能提示你每棟建築的名稱、住戶、功用等；當你來到一家餐館門前時，擴增實境技術有可能告訴你該餐廳的特色菜餚，及以前客人對它的評價等；甚至當你遇見一個陌生女孩時，擴增實境技術有可能告訴你此人姓甚名誰，任職何方，是否單身，最近在網路上發過什麼貼文等！

不要以為這是科學幻想，這種技術現在就已部分地成為了現實。

擴增實境技術的興起離不開一些核心技術的發展。首先是定位技術，很多數位化資訊（比如街區資訊）是透過它疊加到現實世界上的；其次是圖像識別技術，當你用具有擴增實境功能的設備掃視現實世界時，是它幫助你識別其中的某些部分（比如站在你面前的陌生女孩）；還有就是資訊搜索技術，它負責為你即時提供資訊；最後但並非最不重要的，是可攜式的智慧設備，它是擴增實境技術走向大眾的實施平臺。

對今天的大眾來說，擴增實境技術的主要實施平臺是安裝了擴增實境軟體的智慧手機。它可以用鏡頭辨識目標，然後在螢幕上顯示疊加了數位化資訊後的圖像。不過，像 Google 那樣的公司正在開發更方便的實施平臺，比如眼鏡 —— 甚至隱形眼鏡（後者對未來的監考人員可是不小的挑戰）！如果你戴上那樣的眼鏡——Google 眼鏡（Google glass），呈現在你眼前的將直接就是現實世界與數位化資訊的即時疊加。那情形還真有幾分科幻意味，但它卻也許很快就會出現在商店裡。

不過，隨著擴增實境技術普及前景的逐漸明朗，一些細節性的問題也隨之出現了。比如在購買 Google 眼鏡之前，你也許想知道如何才能讓它只顯示你感興趣的資訊（並不是所有人都關心化妝品店在哪裡的）；你也許想知道即時顯示在眼前的資訊會在多大程度上分散你的注意力（這有時可是很危險的）；你甚至還想知道它是否會被「駭客」用來顯示欺騙性的資訊。

更棘手的問題則來自於擴增實境技術對個人隱私的挑戰。多年來，數位世界與現實世界彷彿是兩個平行世界，很多人甚至因此而發展出了兩套不同的行為模式：現實世界裡的沉默寡言者也許是數位世界裡的狂放之士；現實世界裡的粗莽大漢也許在數位世界裡撰寫著綿綿情詩。當人們這樣做時，心目中觀眾往往是不同的，他們在一個世界裡的行為相對於另一個世界，有時甚至是形同隱私的。而擴增實境技術卻將這兩個世界疊加在了一起，這對很多人來說是有違心意的。

為了在擴增實境技術面前保護自己的隱私，未來的人們也許不得不在數位世界裡更多地隱藏自己的身份，或約束自己的行為，整個數位世界的文化都有可能因此而改變。另一方面，有些人則開始從法律層面思考擴增實境技術帶來的挑戰。比如有人提出建築物的主人對疊加在自己建築物上的資訊應該有決定權，就像他們對是否允許別人塗鴉有決定權一樣。不過，且不說法律是否認可將建築物的主權延伸到數字層面，即便認可了，也還面臨一個與數位遺產問題相類似的法律有國界、網路無國界的老問題。[13] 當一位別國客人戴著別國生產的「眼鏡」前來旅遊時，依法摘去他（她）的眼鏡恐怕不是待客之道。

13　關於數位遺產問題，可參閱拙作《閒話數位遺產》——已收錄於本書。

代碼混淆 —— 福音還是噩夢？

網際網路也許是很多人的「溫柔鄉」，但從技術上講，它其實是一個兇險的「江湖」，任何「混」得足夠久的「老江湖」都不僅知道，很可能還親自見識過各種惡意程式或惡意行為。拿我自己來說，就既受過網路攻擊，也見過不止一個複製我主頁的網站。這些軟體層面的侵害對我來說只是心情上的煩擾，對顯著依賴網際網路的個人、公司乃至政府部門來說，如何保護自己的軟體可就是一個重要課題了。

保護軟體有著雙重意義：一是保護軟體的智慧財產權（intellectual property），防止被人盜用；二是保護軟體中可能隱含的諸如技術漏洞等私密資訊，防止被人利用。就保護思路而言，目前主要有兩條：一條是加密（encryption），另一條是代碼混淆（obfuscation）。兩者的主要區別是前者需解密（decryption），後者則不需要 —— 因為後者只是將代碼換成普通人難以讀懂、在電腦上卻仍能運行，且功能相同的形式，很多網站採用的 JavaScript 代碼混淆就是很好的例子。

本文將主要談談代碼混淆。

由於無需解密，代碼混淆使用起來比較方便。不過，目前的代碼混淆對普通的「肉眼凡胎」雖宛如天書，卻往往不足以阻擋訓練有素的入侵者，或者用加州大學洛杉磯分校的電腦學家薩海（Amit Sahai）的話說，只是一種「減速路障」（speed bump），讓入侵者多費幾天時間而已，而非真正可靠。

那麼，真正可靠的代碼混淆是怎樣的呢？從理論上講，應該是具有完美「黑箱」（blackbox）特色的，即除了軟體本身許可的輸入和輸出之外，不能讓人窺視任何其他資訊的。但不幸的是，2001 年，剛才提到的薩海與幾位同事證明了具有完美「黑箱」特色的代碼混淆 —— 就像很多其他「完美」的東西一樣 —— 是不可能實現的。不過，與這個壞消息同時，薩海等人提出了一種雖比「黑箱」稍弱，卻比現有方法有效得多的代碼混淆。這種代碼混淆的基本特點是：兩個軟體只要輸入和輸出性質相同，經代碼混淆後就會變得不可分辨。2007 年，美國麻省理工學院和微軟公司的幾位研究者證明了這是理論上最好的代碼混淆 —— 當然，已被證明為不可能的完美「黑箱」除外。

接下來的問題是：這種「理論上最好的代碼混淆」有可能實現嗎？這個問題目前還沒有完全確定的答案，但 2013 年，薩海等人提出了一種很有希望的實現手段。那種手段還具有一個額外優點，那就是所給出的代碼混淆是建立在一種被稱為「多線性拼圖」（multilinear jigsaw puzzle）的數學技巧之上的，而那種數學技巧很可能是極難破解的 —— 對於普通駭客所能利用的計算資源來說，可能需要耗時數百年。如果說目前的代碼混淆只是「減速路障」，那麼這種新的代碼混淆 —— 用薩海的話說 —— 就算得上是「銅牆鐵壁」（iron wall）了。這種「銅牆鐵壁」引起了很多研究者的興趣，以至於在薩海等人的方法提出後短短 6 個月的時間裡，標題中帶有「代碼混淆」一詞的論文數目就超過了過去 17 年的總和。

但是且慢興奮！這種「很有希望的實現手段」目前還有兩個問題：一個是理論層面的，即「多線性拼圖」這一數學技巧的破解難度尚未得到嚴格證明。另一個是實用層面的，即這種代碼混淆還處於「紙上談兵」階段，因為混淆後的代碼並不是能在現實電腦上運行的代碼。不僅如此，這種代碼混淆還會顯著增加代碼長度，從而哪怕能在現實電腦上運行，速度也會慢得多。這些都極大地制約了它的實用性。

而更麻煩的則是，那種「最好的代碼混淆」也許好到了「物極必反」的境界。假如上面提到的問題全被解決了，那它無疑既是保護軟體智慧財產權的屏障，也是掩蓋軟體漏洞的保護傘。但稍稍細想，就不難發覺這些功用全是雙面刃。比如它的屏障作用既有助於保護軟體智慧財產權，也便於盜用軟體智慧財產權，因為破解越困難，也就意味著盜用行為越難被發現和確認。又比如它的保護傘作用既可以掩蓋軟體漏洞，也可以隱藏惡意軟體，因為破解越困難，也就越能隱藏「惡意」。因此，「最好的代碼混淆」若真能進入實用階段，對普羅大眾究竟是福音還是惡夢恐怕還很難說。

在大型強子對撞機的幕後

日內瓦西北郊有一個著名的科學中心——歐洲核子研究組織（European Organization for Nuclear Research, CERN）。那裡有目前世界上最大的高能粒子加速器——大型強子對撞機（Large Hadron Collider）。這個周長 27 公里的龐然大物在過去幾年裡可謂新聞不斷，比如有人擔心它可能會因產生微型黑洞而毀滅地球（如今還擔著這份心的讀者可用拙作《黑洞略談》[14]。來寬寬心）。而它對與質量的起源有著密切關係、被稱為「上帝粒子」（the God particle）的所謂希格斯粒子（Higgs）的尋找更是科學家、媒體和公眾共同關注的焦點。

不過，相對少為人知的是，CERN 除了科學中心這一身份外，還是一個重量級的資訊技術中心，尤其是在網際網路發展史上發揮過很重要的作用。1990 年代初，CERN 的電腦科學家伯納斯 - 李（Tim Berners-Lee）與同事研發出了以超

14 《黑洞略談》收錄於拙作《因為星星在那裡：科學殿堂的磚與瓦》（清華大學出版社 2015 年 6 月出版）

文字（hypertext）為基礎的網站，成為網際網路上最重要的服務之一——全球資訊網（World Wide Web）——的發明者，CERN 則成為了全球資訊網的誕生地。CERN 扮演這一角色不是偶然的。事實上，早在全球資訊網誕生之前，它就已是歐洲最主要的電腦網路樞紐。而且直至今日，CERN 在網際網路領域裡依然維持著重要地位。2008 年，外界甚至一度傳聞 CERN 即將推出新一代的網際網路。

那消息很快被證實為是不確實的，但它也並非空穴來風，其源頭就是大名鼎鼎的大型強子對撞機。該對撞機的「日常」工作就是讓大量粒子以極高的能量相互碰撞，而物理學家們要做的則是透過那些碰撞來探索大自然的奧秘——其中包括尋找希格斯粒子。但這個簡短介紹卻忽略了一個極重要的「幕後」環節——對資料的處理。

跟老式物理實驗中的看儀錶讀數據、鋪稿紙做計算完全不同，大型強子對撞機產生的資料是如此之多，不僅使得肉眼讀取和紙筆分析變得不再現實，就連大型電腦也應付為艱。更要命的是，那些資料是以極快的速度源源產生出來的，從而必須以極快的速度進行採集、鑑別和儲存。除此之外，物理學家們當然還希望盡可能迅速地分析資料。這一系列艱巨工作把 CERN 再次推到了資訊技術的前沿。

為了以最快的速度處理資料，CERN 建立了目前世界上最大的網格計算系統 —— 全球大型強子對撞機計算網格（World Wide LHC computing grid, WLCG）。WLCG 的核心部分被稱為「零級中心」（Tier 0）。該中心與負責採集、甄別資料的「計數室」（counting room）以每秒 100 億比特（10 Gb/s）的超高速電纜相聯，接收鑑別後的資料 —— 別小看這鑑別過程，它是用數以千計的電腦共同進行的，將來自大型強子對撞機的多達每秒 3,000 億位元組（300 GB）以上的資料剔除 99.9% 左右，從而大大減少後續處理的工作量。「零級中心」所獲得的資料又經由每秒 100 億比特的超高速電纜傳往北美、歐洲和亞洲的 11 個「一級中心」（Tier 1），而後者則透過普通網際網路與分布在世界幾十個國家的 150 個「二級中心」（Tier 2）相聯。截至 2011 年底，在這個龐大的網路上已有約 26 萬台電腦（確切地說是 26 萬個中央處理器），總儲存空間高達 15 億億位元組（150 PB，約相當於兩億張光碟），每天處理的資料達幾十兆位元組。當我們在報紙上讀到一則有關希格斯粒子的消息時，也許很少有人會想到過大型強子對撞機幕後那個龐大的電腦網路，以及為該網路而工作著的數以萬計的工程師。正是他們與科學家們一起，從浩如煙海的資料之中淘出了有用資訊。也正是有了他們的幫助，科學家們才可以在幾星期甚至更短的時間內將資料變成論文或新聞。

高能粒子在日內瓦郊外的一個小空間內碰撞著，資訊卻在散布於全球的幾十萬台電腦中處理著，這是所謂「大科學」的典型例子。

由於 WLCG 在很多方面與網際網路相似，加上其所採用的新技術所具有的巨大魅力（比如每秒 100 億比特的超高速電纜下載一部 DVD 影片只需幾秒鐘），以及 CERN 在網際網路發展史上的先驅地位，使得一些人 —— 如前所述 —— 產生了一種歷史重演的感覺，一度將 WLCG 當成了新一代的網際網路。這種感覺在目前還只是錯覺，因為 WLCG 還只是一個專有領域內的東西，而不是像網際網路那樣開放的（起碼核心部分還不是）。但技術本身是跨領域的，從這個意義上講，那錯覺未必沒有真理的成分。

大數據的小應用

隨著資訊技術的快速發展，近來，大數據（big data）及以之為基礎的研究範式——大數據範式（big data paradigm）——成為越來越流行的概念。雖說大數據的「大」乃是相對概念，即相對於資料儲存和處理技術而言的「大」，從而並無絕對意義，但這幾年很多人對相對於當前技術而言的「大」似乎產生了特殊感覺，認為它已超越了某種臨界值，將引發諸多領域的重大甚至革命性的變革。每當有大的新東西出現在地平線上時，這種稍顯迫不及待地迎接革命的感覺乃是常見的衍生現象，其可靠性往往大可商榷。不過，大數據有著各種各樣的具體應用倒是不爭的事實。

在本文中，我們就來介紹一項小應用。

嚴格講，本文的標題有些誇大了，因為這項小應用所涉及的資料相對於當前技術而言遠遠算不上「大」，不過它所採用的以資料關聯為核心，將因果置一旁的做法乃是大數據範式中的典型方法，而且這項小應用規模雖小，畢竟也需動用電腦，從而在手段上跟大數據範式也算沾得上邊。

這項小應用就是確定某些歷史檔的年代。

確定歷史檔的年代一向是史學家們關心且必須要做的事情，因為很多資料只有確定了年代才能發揮應有的作用。但由於不難想像的種種原因，很多歷史檔的年代是未知的。為確定這類檔的年代，一種典型的做法是求助於碳 -14 年代測定法（radiocarbon dating）。但是，由此測定的年代往往有幾十年的誤差，對遠古文件也許不算什麼，對近代檔案卻稍嫌粗糙。此外，這種方法有時還會對檔案產生一定程度的破壞。除碳 -14 年代測定法外，利用紙張、油墨等技術的演進歷史，從檔案所用的紙張或油墨的類型上確定年代也是常用方法，但可惜誤差往往也在幾十年以上。這些方法的不盡如人意之處，使得其他方法有了用武之地。最近，加拿大多倫多大學（University of Toronto）的研究者蒂拉亨（Gelila Tilahun）等人就示範了一種新方法。

蒂拉亨等人的研究物件是英國中世紀（medieval）的大量契據（charter）。那些契據大都為拉丁文，記錄的是各類財產及土地的交易，對研究中世紀的英國歷史有不小的參考價值。不過，在現存百萬份以上的契據中，大部分是既沒有標注年代，也無法從所述內容中推斷出年代的。另一方面，中世紀距今不過幾百年，前面提到的那些方法的幾十年誤差相對來說就顯得很大，而且上百萬份的巨大數量也使那些方法變得不太現實。為此，蒂拉亨等人採用了一種新方法。他們以幾千份年代已知的契據為基準，對年代未知的契據與年代已知的契據中的詞彙及片語的分布規律進行了統計對比，由此分析出前者與不同年代的後者之間的相似程度，並以此確定前者最有可能的年代（即相似程度最大的年代）；或者，也可以先由後者估算出不同詞彙及片語在不同年代的出現機率，再以它們在前者中的出現數量估算出前者在各個年代的出現機率，進而確定最有可能的年代（即出現機率最大的年代）。

這類方法的準確度如何呢？蒂拉亨等人用一個很聰明的方法進行了測算，那就是將之應用到年代已知的檔上，將估算結果與實際年代進行比較。他們發現，這種估算的平均誤差可縮小至 10 年以下，從而比前面提到的那些傳統方法更精確。

當然，這種方法中也有許多不確定性，比如契據之間的相似程度，契據在不同年代的出現機率等都並無唯一定義，統計對比所用的演算法也並不唯一。這些不確定性在大數據範式中是很常見的，它們有弊也有利。「弊」者在於理據不像碳 -14 年代測定法之類的傳統方法那樣明晰；「利」者則在於提供了改進方法所需的額外自由度。事實上，蒂拉亨等人的研究本身就是這種額外自由度的展現，因為他們並不是這類方法的創始人，而只是利用不確定性所提供的額外自由度，引進了新的定義及演算法。

蒂拉亨等人所示範的方法也適用於其他時期或其他類型的檔案，並且除了幫助確定年代外，還有助於確定與檔案有關的其他屬性 —— 比如作者。

大數據的陷阱

這幾年，大數據（big data）的「出鏡率」頗高。連帶著，「資料科學家」（data scientist）成為了新的高薪一族。人氣、財氣的提升也帶動了士氣，有人開始高估大數據的神通，彷彿只要累積了足夠多資料，請「資料科學家」們坐在電腦前 —— 就像福爾摩斯坐在太師椅上 —— 敲一通鍵盤，各種問題就都能迎刃而解。

大數據真有如此神通嗎？回顧一段小歷史對我們也許不無啟示。

那是在 1936 年，美國共和黨人艾爾弗雷德·蘭登（Alfred Landon）與民主黨人富蘭克林·羅斯福（Franklin D. Roosevelt）競選總統。當時很有影響力的《文摘》雜誌（The Literary Digest）決定搞一次超大規模的民意調查，調查人數高達 1,000 萬，約為當時選民總數的 1/4，最終收到的回覆約有 240 萬份，對於民意調查來說可謂是「大數據」 —— 事實上，哪怕在今天，一些全國性民意調查的調查對象也只有幾千。透過對這組「大數據」的分析，《文摘》雜誌預測蘭登將以 55% 比 41% 的顯著優勢獲勝。但不久後揭曉的真正結果卻是羅斯福以 61% 比 37% 的優勢大勝。《文摘》雜誌的「大數據」遭到了慘敗。

當然，那是陳年舊事了。240 萬份回覆作為民意調查是超大規模的，從資料角度講，以今天的標準來衡量卻實在小得可憐。不過，今天的「大」在幾十年後也未必不會如昔日的「小」一樣可憐。那段小歷史的真正啟示在於：資料已大到了統計誤差可以忽略的地步，結果卻錯得離譜。這種類型的錯誤對於大數據是一種警示。

現在讓我們回到當代。2008 年 8 月，大數據「成功偶像」之一的 Google 公司領銜在《自然》雜誌上發表論文，引薦了一個如今被稱為「Google 流感趨勢」(Google Flu Trends) 的系統。這一系統能利用網際網路上有關流感的搜索的數量和分布來估計各地區流感類疾病的患者數目。Google 表示，這一系統給出的估計不僅比美國疾病控制與預防中心 (Centers for Disease Control and Prevention，CDC) 的資料更快速，而且還有「不依賴於理論」(theory-free) 的特點。

但是，這個一度引起轟動的系統經過幾年的運行後，卻引人注目地演示了大數據可能帶來的陷阱。

2013 年 2 月，《自然》雜誌資深記者巴特勒（Declan Butler）發表了一篇題為《當 Google 弄錯了流感》（When Google Got Flu Wrong）的文章，指出「Google 流感趨勢」對 2012 年底美國流感類疾病患者數目的估計比美國疾病控制與預防中心給出的實際資料高了約一倍。不僅如此，「Google 流感趨勢」在 2008 ～ 2009 年間對瑞士、德國、比利時等國的流感類疾病患者數目的估計也都失準過。

大數據在這些例子中為什麼會失敗呢？人們很快找到了原因。比如《文摘》雜誌對 1936 美國總統競選預測的失敗，是因為該雜誌的調查對象是從汽車註冊資料及電話簿中選取的，而汽車及電話在當時的美國尚未普及，使得由此選出的調查對象缺乏代表性。而 Google 對 2012 年底美國流感類疾病患者數目的估計失敗，則是因為媒體對那段時間的美國流感類疾病作了渲染，使得很多非患者也進行了有關流感的搜索，從而干擾了「Google 流感趨勢」的估計。在統計學中，這被稱為系統誤差（systematic error），只要存在這種誤差，資料量再大也無濟於事。

當然，原因一旦找到，對結果進行修正也就不無可能了。比如在有關流感的搜索中，來自患者的搜索往往隨疫情的爆發而迅速增加，隨疫情的緩慢結束而緩慢降低，呈現出前後的不對稱，而來自非患者的搜索則前後比較對稱。利用這一區別，原則上可對結果進行校正。

但另一方面，原因之所以很快找到，是因為失敗已成事實，從而有了明確的分析客體，在千變萬化的大數據分析中要想每次都「先發制人」地避免失敗卻並不容易。比如大數據分析對資料間的相關性情有獨鍾，其所津津樂道的「不依賴於理論」的特點卻在很大程度上排斥了對相關性的價值進行鑑別——就如知名技術類刊物《連線》（Wired）雜誌的主編安德森（Chris Anderson）曾經宣稱的：「只要有足夠多資料，數字自己就能說話（with enough data, the numbers speak for themselves）。」數字也許是能說話，但說出的未必都是有價值的話。事實上，未經鑑別的相關性可謂處處是陷阱。比如 2006 ～ 2011 年間，美國的犯罪率和微軟 IE 瀏覽器的市場占有率就明顯相關（同步下降），但卻是毫無價值的相關性——這是紐約大學（New York University）電腦教授戴維斯（Ernest Davis）舉出的例子。

在統計學中，這是所謂「相關不蘊涵因果」(correlation does not imply causation) 的一個例子。

無論是系統誤差還是「相關不蘊涵因果」，大數據的這些陷阱其實都是統計學家們所熟知的。只不過，太急於趕路時，人們有時會忘掉曾經走過的路。

網路戰——沒有硝煙的戰爭

我們這個時代被稱為資訊時代已經很多年了，如果要從中挑出一個最具時代性的特徵，我想一定非網際網路莫屬。這個幾乎無邊無際的網路在帶給人們資訊與便利的同時，也逐漸成為了兵家的必爭之地。

2011 年 10 月，《紐約時報》（The New York Times）等美國媒體披露了一則消息：在北約組織（NATO）對利比亞局勢進行軍事干預之前，美國高層曾為是否針對利比亞防空系統發動網路戰（cyber warfare）進行過慎重討論，討論的結果否決了網路戰，理由是怕給其他國家樹立一個不良示範。

其實，這一理由恐怕是高估了美國在這一領域的示範作用。因為事實上，根本無需美國的示範，網路戰就已得到了廣泛的重視。根據著名網路安全公司邁克菲（McAfee）的一份年度報告，截至 2007 年就已約有 120 個國家在一定程度上發展了網路戰技術。這些國家中的某幾個甚至有可能已在一定程度上實施過了網路戰。

比如 2007 年，前蘇聯加盟共和國之一的愛沙尼亞（Estonia）因拆除一座蘇軍二戰紀念碑，而遭到了來自俄羅斯的大規模網路攻擊；一年後，也是在前蘇聯留下的爛攤子上，發生了所謂的俄羅斯—喬治亞戰爭（South Ossetia War），在那次戰爭中，參戰各方（南奧塞提亞、喬治亞、俄羅斯等）均遭到了來自敵方的網路攻擊。世界其他熱門地區也晃動著網路戰的幽靈：比如 2010 年 9 月，伊朗的核設施遭到了疑似來自美國或以色列的電腦蠕蟲（worm）攻擊；2010 年底，印度和巴基斯坦這對宿敵的若干政府網站分別遭到了來自對方的網路攻擊；2012 年初，以色列的若干重要網站遭到了阻斷服務攻擊（DDoS）。

而美國高層雖一度否決了網路戰的實施，對網路戰的研究卻未有絲毫的輕忽。2009 年，美國總統歐巴馬（Barack Obama）將美國的資訊基礎設施列為了「國家戰略資產」；2010 年，美國軍方設立了美國網路司令部（United States Cyber Command），並將造成大量平民損失的網路攻擊界定為戰爭行為，為實施反擊作了概念準備。2011 年 11 月，美國國防部下屬的研究機構首次公開承認正在研發進攻型網路戰技術。2011 年底通過的美國國防預算則正式為實施先發制人的網路戰開啟了大門。

網路戰作為繼陸、海、空、及外太空之後新出現的戰爭維度，它的一個令人矚目的特點是模糊了大國與小國、強國與弱國，乃至國家與個人的區分。在網路戰中，一名優秀的駭客完全可以對一個大國發動「一個人的戰鬥」。網路戰的這一特點使責任認定變得非常困難，比如前面所舉的網路戰例子就大都找不到確切的攻擊者。不過，這一模糊特點有時倒也為大國賽局提供了周旋的餘地。拿 2007 年遭到網路攻擊的愛沙尼亞來說，由於它是北約成員國，按照條約，整個北約都有義務為它出頭。但結果卻是：「嫌犯」俄羅斯宣稱那是個人行為，「法官」北約的調查不了了之，這除了責任認定確實不太容易外，是否也是因為北約無意為愛沙尼亞這個小嘍囉而與俄羅斯發生衝突，從而大事化小、小事化無，恐怕只有天知道了。也許正是為了便於在必要時做出對自己有利的調解或賴帳，多數國家對自己的網路戰略避諱莫深。網路戰的這個類似於即時策略型電腦遊戲中的「戰爭迷霧」(fog of war) 的模糊特點，被一些人戲稱為「網路戰迷霧」(fog of cyberwar)。

除受到軍方的重視外，網路戰還因一些出版物的渲染而受到了公眾的關注。比如 2010 年，前白宮安全助理克拉克（Richard Clarke）撰寫的一本名為《網路戰》（Cyber War）的書就引起了很大的公眾關注。遺憾的是，那本書寫得很不嚴謹，不僅加油添醋，而且還用陰謀論手法，把發生在 2003 年的北美大停電及 2007 年的巴西大停電這兩次已被證實為與網路攻擊無關的事件都歸因於網路攻擊。

不過，儘管軍方的避諱與出版物的渲染都有礙於人們了解網路戰的真相，網路戰的潛力與可能性的增加恐怕是無法否認的趨勢。隨著珍視所有人的生命越來越成為人類共識，也許有朝一日戰爭會向網路戰這種沒有硝煙的形式轉變。如果能用網路戰達到攻擊敵方的目的，何必背負殺傷人命的道德責任而進行血與火的傳統戰爭呢？但另一方面，未來的網路有可能透過植入人體的晶片而延伸到人類自身，那時候，也許網路戰又將重新具備殺傷人命的能力。

薛丁格的貨幣

喜歡量子力學科普的朋友或許都聽說過「薛丁格的貓」(Schrödinger's cat)，那是量子力學創始人之一、奧地利物理學家薛丁格（Erwin Schrödinger）提出的一個將量子世界的某些奇異特點放大到外部世界的理想實驗。2010年4月，英國《新科學家》(New Scientist) 雜誌的顧問編輯馬林斯（Justin Mullins）為自己的一篇有關量子貨幣(quantum money) 的文章擬了一個與「薛丁格的貓」很諧音的標題，叫做《薛丁格的現金》(Schrödinger's Cash)，可惜在發表時未被採用。本文有心繼承那個聰明而有趣的標題，不過考慮到它所具有的諧音在譯成中文後已不復存在，而本文所要介紹的是量子貨幣，因此將它改為「薛丁格的貨幣」(可惜這一標題在本文發表於雜誌時也同樣未被採用，看來「薛丁格」三個字在中外編輯那裡都有些「票房毒藥」的意味)。

說到貨幣，雖然經濟學家們可以寫出很多長篇大論的著作來，但對普通人來說，想得最多的恐怕就是自己錢包裡的那些錢，那也正是本文感興趣的東西。[15] 錢的重要性，相信大家都心領神會，所謂「有錢能使鬼推磨」（或者反過來，窮困的時候「一分錢難倒英雄漢」）。這樣重要並且多多益善的東西，自然會有很多人想要獲取，其中包括採用偽造的手段來獲取。可以毫不誇張地說，人們偽造貨幣的歷史，就跟發行貨幣的歷史一樣悠久；人們偽造貨幣的手段，就跟發行貨幣的手段一樣高明；而人們偽造貨幣的規模，有時也跟發行貨幣的規模一樣龐大。這聽起來有些誇張，其實不然。偽造貨幣在和平時期通常是個人和集團的行為，在戰爭時期則有可能上升成國家行為。比如獨立戰爭後期的美國，有三分之一以上的美元是英國政府偽造的；而二戰後期的英國，則有三分之一以上的英鎊是德國政府偽造的。

為了遏制偽造貨幣的行為，各國政府都絞盡了腦汁。1696 年，英國政府甚至聘請最負盛名的科學家牛頓（Isaac Newton）擔任了英國皇家鑄幣廠（Royal Mint of the United Kingdom）的主管。這位科學巨匠一方面親自督管貨幣的重鑄，從技術上遏止偽造；另一方面則憑藉自己高超

15 在本文中，貨幣（money）、錢（英文也是 money）、鈔票（banknote）等名稱將被混用，學經濟的讀者務請睜一隻眼閉一隻眼，因為本文的重點不在這些，而在「量子」。

的推理查證能力，親自追緝偽造貨幣的罪犯，並對他們施以重刑。牛頓的這種技術和刑罰並用的做法，直到今天依然被各國政府所採用。從刑罰上講，偽造貨幣在各國都是重罪，從技術上講，今天的貨幣已經採用了諸如專用紙張、螢光纖維、浮水印、安全線、全息標識、微縮文字、光變數字、磁性油墨、防複印油墨、凹版印刷等一系列防偽技術。可惜的是，這一切措施雖一再抬高了偽造貨幣的門檻，但在巨大利益的驅使下，偽造貨幣的行為卻依然「野火燒不盡，春風吹又生」。

偽造與反偽之間的這種「貨幣戰爭」可以幾百年甚至幾千年如一日地持續進行，一個很根本的原因，就是迄今所有的貨幣防偽標識都是外部尺度上的。從物理學的角度講，沒有任何外部尺度上的防偽標識是原則上不可複製的。因此只要有足夠的實力，貨幣的發行者能夠辦到的事情，偽造者就也能辦到。

那麼，有沒有可能存在一種防偽標識，它受物理定律的直接保護，從而在原則上就不可複製呢？量子貨幣想要回答的就是這個問題。有些讀者或許會覺得奇怪，像量子這樣一個來自分子世界的概念，怎麼會跟貨幣聯繫起來呢？那是因為，迄今人們所知道的唯一一種原則上不可複製的東西就來自分子世界，它就是所謂的量子態，即分子體系的狀態。1982 年，美國物理學家伍特斯（William Wootters）等人證明了一條有趣的定理，叫做量子不可複製原理（quantum no cloning theorem），它表明一個未知的量子態是原則上不可複製的。

為什麼會有這樣一條定理呢？那是因為要想複製一件東西，通常要首先對它進行觀測，以獲取有關它的資訊，然後再依據那些資訊進行複製。但量子世界的一個著名特點，就是幾乎所有觀測都會對量子態產生不可忽視的干擾，從而妨礙人們獲取複製所需的資訊。而一旦無法獲取複製所需的資訊，「不可複製」也就不足為奇了。[16]

---

16 當然，複製不一定非要依靠測量，而有可能透過普通的狀態演化來完成。量子不可複製原理的證明，實際上是證明後者也是不可能的（因為複製過程被證明是與量子力學的線性演化相矛盾的）。另外要提醒讀者注意的是，網路上的一些資料——比如維基百科（Wikipedia）及後文提到的電腦學家亞倫森的一篇博士論文——所採用的一種所謂的「非形式化證明」是似是而非的。那種「證明」是這樣的：假如量子態可以被複製，那我們就可以利用複製態來獲取不確定性原理所不允許的知識，由於那是不可能的，因此量子態是不可複製的。那樣的「證明」是對量子測量及不確定性原

現在，讀者們想必自己也能猜到量子貨幣的思路了：既然量子態是不可複製的，那麼只要將量子態作為貨幣的防偽標識，貨幣也就變成不可複製的了。猜得不錯，這正是量子貨幣的核心思路。有意思的是，這種思路實際上早在量子不可複製原理問世之前的 1960 年代末就出現了。當時美國哥倫比亞大學（Columbia University）的一位名叫威斯納（Stephen Wiesner）的研究生提出了一個設想，那就是在貨幣上配置一個儲存光子的量子器件，利用光子的量子態作為貨幣的防偽標識。威斯納並未直接使用量子不可複製原理那樣的東西。事實上，在他和後來其他人的設想中，作為防偽標識的量子態往往只有為數很少的幾種選擇，即便有量子不可複製原理的保護，偽造者也可以透過隨意製備那幾種量子態中的一種，來碰運氣。不過，這種碰運氣的做法，要碰對一個量子態容易，要想碰對十個、一百個就不太可能了。這就好比擲硬幣擲出一個正面不難，但連續擲出十個、一百個正面卻不太可能。因此威斯納的量子貨幣可以透過增加量子態的數目，而將偽造貨幣的可能性減小到微乎其微。與普通

理的誤解（對量子力學感興趣的讀者可以思考一下，它究竟誤解在哪裡？），它如果成立，則幾乎所有量子態（包括已知的量子態）都會變得不可複製，甚至整個量子系統概念都將不復存在了。

貨幣的防偽技術不同，威斯納量子貨幣給偽造者帶來的麻煩是受物理定律保護，從而是原則上就無法突破的。

但是，威斯納的設想也有一個嚴重的缺陷，那就是只有銀行，確切地說是只有發行貨幣的中央銀行，才能檢驗貨幣的真偽——因為只有他們才知道每張貨幣的量子態。其他人若貿然檢驗的話，不僅無從判別檢驗結果的通過與否，反而會破壞量子態（別忘了檢驗也是一種觀測，而觀測可以干擾量子態），使得貨幣因檢驗而作廢。[17] 這個缺陷的嚴重性是不言而喻的。因為如果每一位想要檢驗貨幣真偽的人都必須求助於中央銀行，那不僅對於想要檢驗貨幣真偽的人是很大的麻煩，更會使中央銀行不堪重負。相比之下，普通貨幣的防偽能力雖弱，卻讓每個人都能進行一定程度的檢驗。對於像貨幣這樣被廣泛使用的東西來說，這無疑是至關重要的。

那麼，威斯納量子貨幣所具有的缺陷是否能被彌補呢？在回答這一問題之前，讓我們先想一想，一種具有實用意義

---

17 有讀者也許會問，銀行對貨幣的檢驗是否也會破壞量子態？答案是不會（當然，這是指真幣，假幣上的量子態是會被破壞的——但假幣原本就是要銷毀的，破壞了也無所謂）。熟悉量子力學的讀者不妨思考一下，銀行怎樣才能做到對量子態進行檢驗，同時又不破壞它們？

的量子貨幣究竟應該滿足什麼條件？很明顯，第一個條件是它能被中央銀行所發行（即中央銀行有能力製造），這是所有貨幣的共同特點。第二個條件是除中央銀行外其他任何人都無法複製，這是量子貨幣有別於普通貨幣的主要優點。這裡所說的無法複製既可以是如量子不可複製原理那樣的嚴格意義上的無法複製，也可以是像威斯納量子貨幣那樣的機率意義上的無法複製。第三個條件則是必須克服威斯納量子貨幣的缺陷，即必須讓所有人都能檢驗真偽。

這三個條件都很直觀，但實現起來卻並不容易。直到距離威斯納量子貨幣 40 年後的 2009 年，才由麻省理工學院（MIT）的電腦學家亞倫森（Scott Aaronson）提出了一種方案。而這可憐的方案連年關都沒熬到，就被亞倫森的幾位校友聯手推翻，因為他們發現這一方案的檢驗環節存在漏洞，使得偽造者無需嚴格複製量子態就能濫竽充數。無奈之下，亞倫森決定「棄暗投明」，與那幾位不打不相識的校友攜手共同研究量子貨幣。這個由電腦學家、物理學家及數學家組成的「量子貨幣俱樂部」（Quantum Money Club）的工作效率還算不錯，很快就提出了一種新的量子貨幣方案。[18]

18　值得一提的是，他們的新方案除試圖克服亞倫森舊方案的缺點

不過，無論是新方案還是亞倫森那個已經夭折的舊方案，它們為了克服威斯納量子貨幣的缺陷，都不得不付出了一個並非無足輕重的代價，那就是減弱自己的防偽能力。我們知道，威斯納量子貨幣的防偽能力是受物理定律保護的，這種防偽能力被稱為資訊學意義上的安全性（informational security）。而亞倫森等人的方案由於要讓所有人都能檢驗量子貨幣的真偽，不得不走出物理定律的保護傘，轉而求助於一種類似加密程式那樣的演算法保護。這種演算法保護通俗地講，就是迫使偽造者做一道一輩子也做不完的計算題。這種受演算法保護的防偽能力被稱為計算意義上的安全性（computational security），它與受物理定律直接保護的資訊學意義上的安全性相比，要遜色一籌。但真正要命的是，迄今為止亞倫森等人並不能證明他們的方案具有計算意義上的安全性，也就是說，那道號稱能讓偽造者一輩子也做不完的計算題是否真有那麼難，他們無法給出證明。在他們的論文中，甚至不無悲觀地表示，要想證明他們的方案具有計算

外，還包含了一種被稱為「無重號量子貨幣」（collision-free quantum money）的新貨幣。這種新貨幣除具有普通量子貨幣的所有特點外，還有一個額外的特點，那就是連中央銀行也只能發行新的貨幣，而不能複製原有的貨幣。這就是說，連中央銀行也不能透過複製舊貨幣來偷偷製造通貨膨脹。

意義上的安全性，或許需要等待新的數學工具。[19]

由此看來，量子貨幣的設想雖然巧妙，迄今為止卻還面臨很多理論問題。除理論問題外，量子貨幣其實還面臨一個非常實際的困難，那就是完整地保存一個量子態是一件極其困難的事情。事實上，即便投入一整個物理實驗室的設備，在極低溫的環境下，量子態也往往只能被保存很短的時間。而量子貨幣要想具有實用性，必須能在鈔票所具有的微小體積內，在錢包所處的常溫條件下，就將量子態保存足夠長的時間，而且所需費用必須控制在極低的水準上（除個別小額貨幣外，那費用起碼要低於貨幣本身的面值）。這在目前幾乎是一件「不可能的任務」(mission impossible)。事實上，就連亞倫森本人也在一篇貼文中承認，也許沒等人們解決量子貨幣所面臨的理論和實際困難，貨幣本身就已被其他東西替代而退出歷史舞臺了。

19　之所以作出這樣的表示，是因為他們發現，要想證明他們的量子貨幣具有計算意義上的安全性，有可能必須首先解決克雷數學研究所（Clay Mathematics Institute）懸賞百萬美元徵答的千禧年七大難題之一的 P versus NP 問題（而且還必須是該問題的答案為 $P \neq NP$ 才行）。這是理論電腦科學領域中最著名的難題，它的難度是可想而知的。

但即便如此，對量子貨幣的研究依然有它的意義，因為量子貨幣作為一種有趣的理論模型，可以說明人們推進量子計算、量子密碼等新興領域的研究。而且誰知道呢，說不定哪天人們能克服量子貨幣所面臨的困難，為貨幣乃至其他東西的防偽開闢一個新的天地。

比特幣——玩家的遊戲還是貨幣的未來？

比特幣的歷史

眾所周知，貨幣作為人類社會的重要發明之一，自出現以來，曾有過許多不同的實現形式，比如早期的貝殼、寶石，後來的金子、銀子，以及今天的紙幣等。一個如此重要且屢經變化的東西使人想到的一個顯而易見的問題就是：它的未來會是怎樣的？

關於這一問題，筆者在《薛丁格的貨幣》一文中曾經討論過一種可能的答案：量子貨幣。但是，量子貨幣所面臨的困難是如此之大，就連它的主要研究者之一也不得不承認，也許沒等人們解決那些困難，貨幣本身就已被其他東西替代了（詳見拙作《薛丁格的貨幣》）。

這一謙虛表態顯然提示了上述問題的另一種可能答案，那就是貨幣「被其他東西替代」。[20] 那「其他東西」會是什麼呢？從最近這些年的發展來看，最有可能是某種形式的數位貨幣（electronic currency）。事實上，數位貨幣即使在今天就已被用得相當廣泛了，我們熟悉的信用卡、PayPal 等都是使用數位貨幣的例子。網路世界裡的虛擬貨幣（virtual currency），比如《魔獸世界》（World of Warcraft）的金幣等，也是數位貨幣，它們不僅可以在虛擬世界裡使用，甚至還能直接或間接地兌換成實體貨幣。而本文所要介紹的，則是數位貨幣家族中異軍突起的一員新丁，叫做比特幣（Bitcoin）。

比特幣的歷史很短，其創始者是一位神秘人物，自稱來自日本，名叫中本聰（Satoshi Nakamoto）。2008 年，此人在網際網路上一個討論資訊加密的郵件組中發表了一篇文章，勾畫了比特幣系統的基本框架。2009 年，他為該系統建立了一個開源軟體（open source project），正式宣告了比特幣的誕生。2010 年底，當比特幣漸成氣候時，他卻「揮

20 當然，這裡所謂的貨幣被其他東西所替代，指的僅僅是看得見、摸得著的實體貨幣被其他東西所替代，而非泛指起著貨幣功能的東西被其他東西所替代。

一揮衣袖，不帶走一片雲彩」地悄然離去，從網際網路上銷聲匿跡了。這位中本聰究竟是一個怎樣的人，就連他的繼承者、目前比特幣系統的主要研發者們也一無所知。他雖自稱來自日本，但從未有人見他寫過半句日文。不僅如此，中本聰是真名還是筆名？是一個人還是一群人？甚至是男人還是女人？也都沒人知道。但此人的神秘並不妨礙他所創立的比特幣系統的發展。自創立以來，這一系統不斷吸引著新的玩家。漸漸地，一些商家也參與了進來，開始提供比特幣的購物服務，以及比特幣與實體貨幣之間的兌換服務，使比特幣由單純的虛擬貨幣，轉而具備了一定的實體貨幣功能。

2011 年上半年，比特幣迎來了一段快速的發展，幣值驟然上升了 60 倍（同期黃金的價格僅僅上升了 8%），並引起了媒體的廣泛關注。2011 年 6 月，知名刊物《福布斯》（Forbes Magazine）、《經濟學家》（The Economist），科普雜誌《新科學家》（New Scientist），著名新聞機構路透社（Reuters）等均發表專文對比特幣進行了報導。在這番浪潮般的報導中，一個被廣為引述的例子是美國鹽湖城（Salt Lake City）的一位玩家透過買賣比特幣，在短短四個月之內就獲得了 300 萬美元的驚人收益。一時間，比特幣的知名度宛如一顆新星冉冉升起。

那麼，這顆冉冉升起的新星，這個譜寫了四個月締造百萬富翁奇蹟的比特幣究竟是一種什麼樣的數位貨幣？它有什麼獨到之處，能與其他數位貨幣、乃至實體貨幣爭鋒呢？下面我們就來做一個簡單介紹。

比特幣的特點

要回答上述問題，得從其他數位貨幣，乃至實體貨幣所具有的一個共同特點說起。那特點就是，它們都離不開某些核心機構的操控 —— 比如實體貨幣的發行由中央銀行所管理，數位貨幣的交易由特定公司所認證。這一特點是當前貨幣體系的基礎，在許多人眼裡甚至是理所應當的。（像貨幣這麼重要、且人人都想據為己有的東西難道可以沒有核心機構來管理嗎？）但不容否認的是，那些核心機構在起著重要作用的同時，也帶來了一些缺陷，比如它們往往不是所有時間都運作的（人家的員工也要下班，也要過週末），從而給某些時段的交易帶來不便。而且它們的核心地位往往使之成為貨幣體系的「罩門」，一旦出現問題 —— 比如被駭客侵入——就會造成「牽一髮而動全身」的嚴重後果。此外，它們還可能因貪污腐敗等內部因素的侵蝕，而做出危害使用者利益的事情，這種擔憂在最近幾年間隨著全球金融危機的爆發無疑得到了加深。

對這些缺陷的克服，正是比特幣的獨到之處所在。

那麼，比特幣是如何克服上述缺陷的呢？主要思路其實很簡單：既然上述缺陷都是來自核心機構，那麼克服的方法就是取消核心機構，將貨幣的發行與交易全都分散化——用學術一點的術語來說叫做「去中心化」（decentralization）。當然，這個主要思路說起來容易，實施起來卻絕非輕而易舉（否則也就輪不到比特幣來做了）。

我們先說說發行。發行的分散化說白了就是人人都能發行貨幣。初聽起來，這簡直就是天方夜譚，以人性之貪婪，倘若人人都能發行貨幣，那貨幣豈不是會被瘋狂地發行出來？貨幣體系豈不是會立刻崩潰？是的，不加限制的話，局面確實會如此。事實上，避免這種局面正是核心機構的存在理由之一，而比特幣系統的高明之處，就在於透過數學手段的限制，巧妙地做到了既不引進核心機構，又能避免上述局面。具體地說，在比特幣系統中，雖然人人都能發行貨幣，但究竟是誰、在什麼時候、發行什麼數量的貨幣，全都是由數學手段決定的。這手段是什麼呢？兩個字：解題。比特幣系統不斷地給玩家 —— 確切地說是他們的電腦 —— 提供所謂的「苦力題」 —— 即毫無捷徑可循，全靠硬拚死算的題目，[21] 誰先做出就可獲得一定數量的新貨幣（相當於是發行了這一數量的貨幣）。[22] 這就是比特幣的發行過程，這個過程很像掘金者挖掘金礦 —— 大家的貪欲雖然旺盛，但要想拿到金子，埋頭挖掘才是真理。有鑑於這種相似性，比特幣系

---

21 本文將這種題目戲稱為「苦力題」，因為這種題目的類型通常被稱為「proof of work」，可戲譯成「苦力證明」，它的目的就是讓玩家——確切地說是玩家的電腦——賣苦力做計算，以此控制比特幣的發行速度，並防止交易欺詐（詳見後文），它的答案則是玩家付出過苦力的證明。這類「苦力題」的一個典型例子——並且也是比特幣系統所實際採用的——就是給定一個散列函數（hash function）的取值範圍，要求找到一個輸入數值。對付這類題目目前已知的唯一手段就是試錯法，誰先做出純系運氣，對參與者有一定的公平性。「苦力題」的另一個突出特點是驗證答案非常容易，因此一旦有人做出，人人都可以迅速判斷答案的正誤（因此對答案造假是沒有意義的）。

22 目前（2011 年）這一數量是 50 枚（比特幣的單位是 BTC，本文按「幣」的中文量詞習慣譯為「枚」），即每做出一道「苦力題」可導致 50 枚新幣的發行。這個數量將會每四年減半一次，2013 年後將減為 25 枚，2017 年後將減為 12.5 枚，依次類推。

統中的貨幣發行被稱為「挖礦」(mining),參與「挖礦」的人則被稱為「礦工」(miner)。比特幣的發行過程與挖掘金礦之間的相似性還有另一個重要層面,那就是比特幣系統中的貨幣總量是有限的,就像地球上的金礦總量有限一樣。這總量是多少呢?是 2,100 萬枚(目前已「挖掘」出約 700 萬枚)[23]。這是比特幣有別於像《魔獸世界》的金幣那樣的其他數位貨幣及實體貨幣的又一個重要特徵,也使得它在某些人眼裡比其他貨幣更具收藏及升值潛力。

說完了發行,再說說交易。一個好的交易系統必須具備兩個基本特點:一是保護交易資訊,二是防止交易欺詐。前者比較簡單,主要依靠加密,這是數位貨幣交易的通用做

23 準確地說是 20,999,999.9769 枚,預計將在 2040 年前後被「挖掘」完畢。有讀者可能會問:這樣小的數量如何能應付交易的需求呢?答案是比特幣的「枚」是一個很大的單位,在實際交易中可以細分至一億分之一枚,而且這最小單位若有必要還能進一步細化,以滿足交易之需。另外有讀者可能會問:為什麼設置貨幣總量的上限?答案是:我不知道。不排除是中本聰不懂金融所產生的天真想法。比特幣圈子中有些人認為,設置貨幣總量的上限可以避免通貨膨脹,其實這是做不到的。別的不說,剛才提到的最小單位可以按需要進一步細化,就等於是擴張貨幣的發行總量,同樣可以導致通貨膨脹。

法，比特幣也是如此。後者 —— 即防止交易欺詐 —— 可就不那麼簡單了，與實體貨幣一花出去就從錢包裡消失不同，數位貨幣只是一組資料，不加限制的話，是很容易進行重複花費的（即將表示同一枚貨幣的資料重複使用若干次）。事實上，防止這種欺詐正是核心機構的存在理由之二（由核心機構對所有交易進行認證，就可以防止重複花費），而比特幣的高明之處，則依然在於透過數學手段的限制，巧妙地做到了既不引進核心機構，又能防止上述欺詐。具體地說，比特幣系統對每一筆交易都進行記錄，作為防止重複花費的依據。當然，這一做法本身並無新意，可以說是效仿核心機構的做法，所不同的是，比特幣系統中的交易紀錄是由玩家保存的（因此交易與發行一樣，也是分散的）。但這樣一來就產生了一個問題，那就是：交易紀錄既然由玩家保存，如何才能保證不被不良玩家所篡改呢？答案是：解題！在比特幣系統中，玩家往交易紀錄中增添任何新交易，都必須像「挖掘」新幣一樣做一道「苦力題」（誰先做出就將結果告知所有人，並從交易費中獲取獎勵）。這樣做的好處在哪裡呢？就在於無論誰想要偽造交易紀錄，就必須也做「苦力題」。但比特幣系統中「苦力題」有一個獨特的地方，那就是它的難度是以系統中所有電腦的總計算能力為標準設定的，如果單槍匹馬地做，短期內做出的希望是極為渺茫的，[24] 這使得比特幣系統具有極強的安全潛力。[25]

以上就是比特幣的基本特點，在目前它基本上還只是一個玩家的遊戲，虛擬色彩遠大於現實色彩，但它創造性地並且幾乎破天荒地以分散的方式處理了貨幣的發行與交易兩大

---

24 更渺茫的是，比特幣系統還規定新的交易紀錄必須包含舊紀錄。這使得篡改某一紀錄的人，必須對該紀錄之後的某些新紀錄也一併篡改才能不露馬腳，這幾乎是以一己之力持續對抗所有其他玩家的電腦，這種「一個人的戰鬥」焉有不敗之理？反過來說，如果哪位不良玩家果真有如此強大的計算能力，與其做篡改紀錄那樣的雞鳴狗盜之事，還不如棄暗投明，直接用這種計算能力「挖掘」新幣來得划算。這種「感化」不良玩家的思路，也是比特幣系統的亮點之一。

25 之所以說是「潛力」，是因為比特幣系統目前的安全性並不像支持者所願意相信的那樣強大。事實上，2011 年 6 月的廣泛曝光，在提高比特幣知名度的同時，也吸引了一些駭客的注意，在後者的「關懷」下，比特幣系統的安全性漏洞立刻就得到了暴露。6 月 13 日，一位比特幣玩家的電子錢包被駭客侵入，致使價值幾十萬的美元的比特幣被盜；6 月 19 日，一個比特幣兌換網站遭到駭客攻擊，致使比特幣匯率由十幾美元暴跌至幾美分，並導致幾千位玩家的資訊外洩。唯一值得安慰的是，這些事件所暴露的漏洞都只限於電子錢包和兌換網站那樣的周邊服務系統，且事後都很快得到了修正及改進。

環節，使貨幣體系由受核心機構掌控轉變為依賴於可靠性高得多的數學計算，從而具備了前所未有的安全潛力，這是它有別於同為虛擬貨幣的《魔獸世界》的金幣等的最大特點。可以這麼說，其他虛擬貨幣都只是對實體貨幣的簡單模仿，比特幣卻是對貨幣體系的漂亮創新。比特幣的另一個顯著優點是具有良好的私密性。由於不受核心機構掌控，比特幣玩家無需向任何人提供自己的真實資訊。此外，比特幣系統的開放原始程式碼性質，一方面便於軟體發展商替比特幣系統開發服務軟體，另一方面，則使得即便是比特幣系統的開發者，也無法一手遮天地對系統進行惡意變更。正是這些優點的總和，構成了比特幣的魅力，促成了它在 2011 年上半年的快速發展，並使一些人對它的未來充滿了信心。

比特幣的未來

　　比特幣具有如此多的優點，讀者您是否也有點動心，想玩一玩比特幣，甚至夢想著也能四個月玩成百萬富翁呢？需要提醒您的是，那樣的好事是可遇不可求的。您可以像炒股票一樣地去炒比特幣，但誰也不能保證您發財。比較穩健的辦法，是透過做「苦力題」來「挖掘」新幣。但我們前面剛剛提到過，比特幣系統中的「苦力題」難度是以系統中所有電腦的總計算能力為標準設定的，[26] 在早期玩家少的時候這個難度是很低的，但現在比特幣的玩家已數以萬計，有些玩家還動用了專為攻克「苦力題」而配置的特殊電腦，它們的計算能力相當於普通電腦的幾十乃至幾百倍。這種特殊電腦的一個例子是用影像處理器（GPU）取代傳統的中央處理器（CPU）進行計算。在電腦中，中央處理器擅長發號施令，類似於「老闆」，而影像處理器擅長計算，類似於「工人」。對於做「苦力」來說，「工人」無疑要比「老闆」俐落得多。在這種情況下，「苦力題」的難度也水漲船高，變得遠遠超出普通玩家的運算能力了。如果您想「挖掘」新幣，唯一現實的做法是與別人合夥（當然，所得新幣也必須與別人分享）。更不幸的是，比特幣系統每四年就會將做題所獲新幣的數量減半，因此隨著時間的推移，「挖掘」新幣會變得越來越困難（最終當所有新幣都被「挖掘」完後，大家就只能靠參與交易過程中的「苦力題」計算而賺取一點交易費了），一夕暴富則

26　具體地說，那難度設置是保證在系統中所有電腦的共同努力下，平均每 10 分鐘有一道「苦力題」能被解出。

會變得越來越不可能。[27]

不過，比特幣或多或少還是替玩家保留了一絲百萬富翁之夢。因為按照某些樂觀支持者的看法，比特幣的獨特優點，有可能會使它成為貨幣的未來。若果真如此，那麼今天世界上所有的貨幣（粗略估計約有幾十兆美元）最終都將變成比特幣。但比特幣的數量總共只有 2,100 萬枚，若今天世界上所有的貨幣全都變成比特幣，則每枚比特幣所代表的價值將達到幾百萬美元。這意味著你今天哪怕只擁有一枚比特幣（目前只需花十幾美元就可買到），等到比特幣「一統天下」的那天，也將搖身成為百萬富翁。是不是很有誘惑力？可惜的是，這得等到比特幣「一統天下」的那一天才能變為現實，而那一天的存在是一個很大並且只有很少人看好的假設。對多數人來說，比特幣雖有諸多優點，真正「一統天下」的可能性仍是極小的，甚至非但不能「一統天下」，還有可能

27 比特幣的這一明顯有利於早期玩家的特點引起了一些人的眼紅。不過早期玩家作為拓荒者，獲取更高的利潤其實是理所當然的事，就像早期的炒股者、公司的創始成員能獲得更高的利潤一樣。另一方面，比特幣的早期玩家其實也不像人們想像的那樣富有，他們大都只是技術愛好者，對比特幣的發展「錢」景並無足夠的洞見，常常輕易就將比特幣贈予別人，或「揮霍」在披薩、襪子、T 恤之類毫無升值潛力的東西上，而使自己的財富大為縮水。

在不久的將來慘遭取締，因為比特幣的諸多優點中有一個其實是雙面刃，那就是私密性。私密性雖然是很多人都喜歡的性質，但若問有誰能從私密性中獲取最大利益的話，答案其實是地下交易的從事者。事實上，目前比特幣交易中最突出的一類正是地下交易，比如從地下藥廠購買古柯鹼、大麻等毒品類藥物。這一點隨著比特幣知名度的上升已引起了某些政界及法律界人士的關注與質疑。此外，比特幣的私密性還使得它無法被納入稅收體系，這對幾乎所有國家來說都是不可接受的，這些問題在比特幣默默無聞的時候雖不算尖銳，卻足以給它的未來投下陰影。

因此，比特幣在 2011 年上半年的亮麗表現所昭示的究竟是美好的明天，還是即將來臨的麻煩？它將永遠只是玩家的遊戲，還是會成為貨幣的未來？這一切，就讓時間來為我們作答吧。

雲端運算淺談

引言

我們這個時代是一個網際網路的時代，但不知大家有沒有注意過，與其他一些聯網的東西 —— 比如天然氣管線 —— 相比，我們使用網際網路的方式是比較特別的。比如我們的電腦雖然連在了網際網路上，我們卻依然要常常為它購買軟體或儲存空間。一個軟體哪怕只是偶爾用用，也要花同樣多的錢去購買；儲存空間也類似，拿光碟來說，往往一買就是幾十張，多餘的「囤積」在家裡。相比之下，我們使用連在天然氣管線上的爐子時，卻從來不需要到商店裡去買燃料，更不必囤積燃料，而是要多少就用多少，用多少才付多少錢。

電腦和爐子之間的這種差別並不是一直就有的，年長的讀者也許還記得，很多年前，人們曾經用過柴火、木炭一類的東西，人們購買那些東西時就跟現在買光碟一樣，一買就是一批，多餘的囤積在家裡。如今的情形之所以不同，乃是因為天然氣已經聯網，可以隨時從管線中獲取。既然如此，我們就要問：網際網路這個網路是否也能有類似的功效，讓我們有朝一日無需「囤積」光碟，也無需一次性地購買軟體？

雲端運算簡史

著名的美國電腦科學家、圖靈獎（Turing Award）得主麥卡錫（John McCarthy）在半個世紀前就曾思考過這個問題。1961 年，他在麻省理工學院的百年紀念活動中做了一個演講。在那次演講中，他提出了像使用其他資源一樣使用計算資源的想法，這就是時下 IT 領域的流行術語「雲端運算」（cloud computing）的核心想法。[28]

雲端運算中的這個「雲」字雖然是後人所用的詞彙，卻

28　麥卡錫獲得的是 1971 年的圖靈獎。除提出雲端運算的概念外，他還是 LISP 語言的創始人，在人工智慧方面作出過重大貢獻（他獲得圖靈獎就是因為人工智慧方面的工作），「人工智慧」（artificial intelligence）這一術語也是他提出的。

頗有歷史淵源。早年的電信技術人員在畫電話網絡的示意圖時，一涉及不必交代細節的部分，就會畫一團「雲」來搪塞。電腦網路的技術人員將這一偷懶傳統發揚光大，就成為了雲端運算中的這個「雲」字，它泛指網際網路上的某些「雲深不知處」的部分，是雲端運算中「運算」的實現場所。而雲端運算中的這個「運算」也是泛指，它幾乎涵蓋了電腦所能提供的一切資源。

麥卡錫的這種想法在提出之初曾風靡過一陣，真正的實現卻不得不等到網際網路日益普及的 20 世紀末。這其中一家具有先驅意義的公司是甲骨文（Oracle）前執行官貝尼奧夫（Marc Benioff）創立的賽富時公司（Salesforce）。1999 年，這家公司開始將一種客戶關係管理軟體作為服務提供給使用者，很多使用者在使用這項服務後提出了購買軟體的意向，該公司卻死不願意，堅持只作為服務提供，這是雲端運算的一種典型模式，叫做「軟體即服務」（Software as a Service, SaaS）。這種模式的另一個例子，是我們熟悉的網路電子信箱（因此讀者哪怕是第一次聽到「雲端運算」這個術語，也不必有陌生感，因為您多半已是它的老客戶了）。除了「軟體即服務」外，雲端運算還有其他幾種典型模式，比如向使用者提供開發平臺的「平臺即服務」(Platform as a Service, PaaS)，其典型例子是 Google 公司的應用程式引擎 (Google App Engine)，它能讓使用者創建自己的網路程式。還有一種模式更徹底，乾脆向使用者提供虛擬硬體，叫做「基礎設施即服務」(Infrastructure as a Service, IaaS)，其典型例子是亞馬遜公司的彈性雲端運算 (Amazon Elastic Compute Cloud, EC2)，它向使用者提供虛擬主機，使用者具有管理員許可權，想做什麼就做什麼，跟使用自家機器一樣。[29]

從 20 世紀末到現在的短短十來年時間裡，雲端運算領域的發展非常迅猛，微軟、Google、甲骨文、亞馬遜等大公司都已先後殺了進去。很多大學、公司及政府部門展開了對雲端運算的系統研究。雲端運算儼然成為了 IT 領域中前途最光明的方向。受此熱潮影響，2007 年，電腦公司戴爾 (Dell) 的頭腦開始發熱，夢想將「雲端運算」一詞據為己有 (申請為商標)，結果遭到了美國專利商標局的拒絕，美夢破碎。

29　「軟體即服務」、「平臺即服務」和「基礎設施即服務」是目前流行的譯名，但並不準確，我個人傾向於譯為「作為服務的軟體」(或「軟體作為服務」)、「作為服務的平臺」(或「平臺作為服務」) 和「作為服務的基礎設施」(或「基礎設施作為服務」)。

雲端運算的早期服務對象大都是中小型使用者，但漸漸地，一些知名的大公司也開始使用起了雲端運算。比如《紐約時報》（New York Times）就曾利用亞馬遜的雲端運算，將一千多萬篇報導在兩天之內全部轉成了 PDF 檔。這項工作如果用它自己的電腦來做，起碼要一個月的時間，是不可承受之重。另一方面，從亞馬遜的角度講，它提供雲端運算也並不是單純想提供服務。為了保證自己主業 —— 網路銷售 —— 的順暢，亞馬遜的硬體資源是按峰值需求配置的，平時所用的只有十分之一。提供雲端運算服務，將這部分空置資源轉變為利潤，大賺一筆，對亞馬遜來說無疑是很實惠的。亞馬遜如此，Google、微軟等巨頭的幾十萬甚至上百萬台伺服器也不是吃素的，因此雲端運算領域自然就群雄並起了。

雲端運算的特點和優勢

雲端運算作為一種技術，與其他一些依賴網際網路的技術 —— 比如網格計算（grid computing） —— 有一定的相似之處，但不可混為一談。拿網格計算來說，科學愛好者比較熟悉的例子是 SETI@Home，那是一個利用網際網路上電腦的冗餘計算能力搜索地外文明的計算專案，目前約有來自兩百多個國家和地區的兩百多萬台電腦參與。它在 2009 年底的運算能力相當於當時全世界最快的超級電腦運算能力的三分之一。有些讀者可能還知道另外一個例子：ZetaGrid，那是一個研究黎曼 ζ 函數零點分布的計算專案，曾有過一萬多台電腦參與（但現在已經終止了，原因可參閱拙作《超越 ZetaGrid》[30]）。從這兩個著名例子中我們可以看到網格計算的特點，那就是計算性質單一，但運算量巨大（甚至永無盡頭，比如 ZetaGrid）。而雲端運算的特點恰好相反，是計算性質五花八門，但運算量不大。[31] 這是它們的本質區別，也是雲端運算能夠面向大眾成為服務的根本原因。

雲端運算能夠流行，它到底有什麼優點呢？我們舉個例子來說明，設想你要開一家網路公司。按傳統方法，你得有

30　《超越 ZetaGrid》收錄于拙作《黎曼猜想漫談》（清華大學出版社 2012 年 8 月出版）。

31　有讀者可能會問：前面提到的《紐約時報》的例子難道不是計算量很大？答案是：看相對於誰而言了。那樣的計算對《紐約時報》自己來說是大計算，對亞馬遜雲端運算來說卻只是小菜一碟，因為只用到了幾十萬台伺服器中的一百台。

一大筆創業資金，因為你要購買電腦和軟體，你要租用機房，你還要雇專人來管理和維護電腦。當你的公司營運起來時，營業額總難免會時好時壞，為了在營業額好的時候也能正常運轉，你的人力和硬體設備都要有一定的預先配置，這也要花錢。更要命的是，無論硬體設備還是軟體廠商都會頻繁推出新版本，你若不想被技術前端拋棄，就得花錢費力不斷更新（當然，也別怪人家，你的公司營運起來後沒準也得這麼賺別人的錢）。

如果用雲端運算，情況就不一樣了：電腦和軟體都可以用雲端運算，營業狀況好的時候多用一點，營業狀況差的時候少用一點，費用就跟結算瓦斯費一樣按實際用量來算，無需任何預先配置。[32]一台虛擬伺服器只需滑鼠輕點幾下就能到位，不像實體機器，從下訂單，到進貨，再到除錯，忙得四腳朝天不說，起碼得好幾天的時間。虛擬伺服器一旦不需要了，滑鼠一點就可以讓它從你眼前（以及帳單裡）消失。至於軟硬體的升級換代，伺服器的維護管理等，那都是雲端運算服務商的事，跟你沒半毛錢的關係。更重要的是，開公司

32 當然，作為上網終端的電腦還是需要的，但那種電腦無需高級配置，從而是很便宜的。

總是有風險的，如果你試了一兩個月後發現行不通，在關門大吉的時候，假如你用的是雲端運算，那你只需支付實際使用過的資源。假如你採用的是傳統方法，買了硬體、軟體，雇了專人，那很多投資可就打水漂了。

雲端運算的風險和未來

上述優點無疑是誘人的，以至於有人預言雲端運算不出五年就會「千秋萬載、一統江湖」，把包括個人電腦在內的許多傳統產業擊垮。[33] 但也有人不這麼看，因為雲端運算也存在一些令人擔憂的地方。比方說，雲端運算的計算資源集中在為數不多的服務商手裡，從便於管理、節約人力設備等方面講，雖然是有巨大優勢的，但這是一柄雙面刃。它的另一面是一個很棘手的問題，那就是一旦雲端運算服務商出現問題，就會「牽一髮而動全身」，影響到所有依賴它的使用者。

33　因為在雲端運算的世界裡，個人電腦只不過是一種上網終端，這種終端——如前注所說——是很便宜的，利潤也很微薄。更雪上加霜的是，上網終端不一定非得是電腦，也可以是手機、電視等設備，今後甚至——如某些人幻想的——有可能是植入大腦的晶片。

比如亞馬遜的雲端運算在 2008 年的 2 月和 7 月先後兩次發生故障，[34] 給包括著名微網誌平臺推特（Twitter）、著名證券報價系統那斯達克（Nasdaq），以及前面提到過的《紐約時報》在內的大量使用者造成很大麻煩。又比如 Google 郵件從 2008 年 7 月到 2009 年 2 月間，接連出現了六次故障，每次都影響到成千上萬的使用者。這些故障的出現讓人不禁想起一句古老的勸誡：別把所有的雞蛋都放在同一個籃子裡。

除故障外，資料集中掌握在雲端運算服務商手裡所帶來的安全問題也引起了很多人的關注。不過在這方面人們的意見比較分歧，悲觀的人認為這是很嚴重的安全隱患，簡直就是仰人鼻息，不能自主。另一些人的觀點則恰好相反，認為雲端運算服務商多數是頂級大公司，在資料安全方面無論經驗、設備還是技術水準都遠遠高於普通公司及個人。在這個病毒與駭客橫行的網路世界裡，把資料交由它們管理雖也不是萬無一失，但起碼不會比放在自家電腦裡更不安全。

雲端運算的未來究竟如何？目前，它或許還隱藏在「雲」裡，但距離雲開霧散的那一天可能不遠了。

---

34 具體地講，出問題的是亞馬遜雲端運算的一種，稱為簡易儲存服務（Simple Storage Service, S3）。

國家圖書館出版品預行編目資料

後人類時代：探索宇宙，尋找文明的蹤跡，我們是否還能再擁有一顆「藍色彈珠」？/ 盧昌海著 . -- 第一版 . -- 臺北市：崧燁文化事業有限公司，2022.04

面；　公分

POD 版

ISBN 978-626-332-185-4(平裝)

1.CST: 科學 2.CST: 通俗作品

300　　　111002940

後人類時代：探索宇宙，尋找文明的蹤跡，我們是否還能再擁有一顆「藍色彈珠」？

作　　者：盧昌海
編　　輯：朱桓嫿
發 行 人：黃振庭
出 版 者：崧燁文化事業有限公司
發 行 者：崧燁文化事業有限公司
E-mail：sonbookservice@gmail.com
粉 絲 頁：https：//www.facebook.com/sonbookss/
網　　址：https：//sonbook.net/
地　　址：台北市中正區重慶南路一段六十一號八樓 815 室
Rm. 815, 8F., No.61, Sec. 1, Chongqing S. Rd., Zhongzheng Dist., Taipei City 100, Taiwan
電　　話：(02) 2370-3310　　**傳　　真**：(02) 2388-1990
印　　刷：京峯彩色印刷有限公司（京峰數位）
律師顧問：廣華律師事務所 張珮琦律師

定　　價：299 元
發行日期：2022 年 04 月第一版
◎本書以 POD 印製